MATEMATICA A SQUADRE: SPECIALE LOGICA

*50 + 20 NUOVI PROBLEMI
TRATTI DALLE GARE DI MATEMATICA A SQUADRE
PER LE SCUOLE MEDIE E IL PRIMO BIENNIO*

ANDREA MACCO

Copyright © 2018 Blue Monkey Studio (pubblicato tramite la linea editoriale Zenith Books)

Tutti i diritti riservati

«È impossibile che il medesimo attributo, nel medesimo tempo,
appartenga e non appartenga al medesimo oggetto
e sotto il medesimo riguardo.»

Aristotele – Principio di non contraddizione

Ai miei nonni,

*che hanno dedicato molto del loro tempo per insegnarmi a giocare,
dagli scacchi agli indovinelli, dallo Scarabeo alla Cirulla,
dalle cacce al tesoro fino al gioco più importante di tutti:
quello della vita.*

A chi farà uso di questo fascicolo, per allenarsi alle gare, per passione verso la logica e la matematica, per sperare di migliorare o per semplice diletto:

non arrendersi al primo tentativo!

Le soluzioni commentate possono far comprendere qualche meccanismo logico sottostante i problemi proposti, ma poi la sfida è quella di smuovere qualcosa dentro la mente, per fare proprio il ragionamento logico... ed ecco allora che si potrà sperimentare quanto sosteneva Sir Arthur Conan Doyle attraverso i pensieri di Sherlock Holmes: «Una deduzione giusta ne suggerisce invariabilmente altre».

L'AUTORE

PREFAZIONE

I giochi logici sono dei rompicapo che possono apparire sotto varie forme: griglie, indovinelli, sequenze, giochi di parole e altro ancora. Essi hanno come scopo principale quello di incuriosire e intrattenere chi si cimenta nella soluzione, fermo restando il loro fondamento matematico e, appunto, logico. Nella routine scolastica quotidiana forniscono all'insegnante di matematica un eccellente strumento per spezzare il rigore della didattica tradizionale, contraddistinta principalmente da teoremi, formule e calcoli.

Infatti tali giochi si basano sull'individuazione di strategie risolutive di problemi attraverso la creatività e l'intuizione, favorendo in tal modo lo sviluppo del ragionamento logico come abilità trasversale.

L'aspetto ludico, con l'ovvia doppia funzione di stimolo e di attrattiva per gli studenti, fa sì che essi si abituino, quasi senza accorgersene, a rimanere comunque all'interno di un sistema di regole ben definito. L'esperienza sul campo ha già ampiamente dimostrato che tale allenamento mentale comporta a sua volta ricadute positive in altri ambiti scolastici, sociali e a livello caratteriale, specialmente nel caso del lavoro in squadra, dove la capacità collaborativa e l'organizzazione risultano spesso più importanti delle singole doti tecniche di ciascun componente.

In questo fascicolo troverete una grande varietà di tipologie di giochi logici, alcuni più facili e altri più impegnativi, che vi garantiranno ore e ore di divertimento e rappresenteranno un ideale allenamento per le future gare scolastiche. Per dirla con un motto: scatenate la vostra mente!

Alberto Fabris

TETRAPYRAMIS *

---

* TETRAPYRAMIS, con il suo Campionato Studentesco di Giochi Logici, persegue come obiettivo la diffusione e lo sviluppo della cultura dei giochi logici in Italia. Le sue gare si distinguono per la dimensione ludica e cooperativa e per una particolare attenzione alla verticalità didattica del progetto, che si estende dalla Scuola Primaria a quella Superiore.

Infine, si può tranquillamente affermare che questa matematica ricreativa collaterale sprona sia allievi che insegnanti a proseguire in un processo mentale evolutivo continuo.

TESTI DEI PRIMI 50 PROBLEMI

NOTA: si è cercato, per quanto possibile, di raggruppare i testi qui proposti per tipologie e, all'interno di ciascuna tipologia, si è cercato di disporli in ordine crescente di difficoltà. A volte le tipologie si mischiano e si compenetrano, dunque la divisione, di fatto, non è stata indicata da alcuno stacco visivo o grafico, ma si procederà in successione di continuità.

I primi testi che incontrerete riguardano il cosiddetto "pensiero razionale" (tante volte chiamato "intuito" o "buon senso"), successivamente vi imbatterete nei "furfanti e cavalieri" e problemi similari, ove fondamentale è l'uso del principio di non contraddizione. A seguire i problemi che contengono molte informazioni da riordinare con tabelle e criteri logici (e che spesso si incontrano anche nei libri di enigmistica classica) per passare quindi a serie e successioni logiche. Chiudono i problemi con griglie e schemi (tipo quadrati magici o affini) e quelli sulle configurazioni, dove la mente di chi li affronta è guidata a individuare una regola che generalizzi (e possibilmente che funzioni!): insomma, sono la porta verso altre tipologie di problemi. La logica, in fondo, permea tutta la matematica.

Buon divertimento!

1) UN QUOTIDIANO. In un quotidiano, nel quale 11 pagine sono dedicate allo sport, le pagine 20 e 45 si trovano sulla stessa faccia di un foglio. Quante pagine ha il quotidiano?

(Dal Rally Matematico Transalpino 2003)

2) LE SCIMMIE. 5 scimmie mangiano 5 banane in 5 minuti. Quanti minuti servono a 4 scimmie per mangiare 4 banane?

(Dalla Gara Leomajormath di Pordenone 2015)

3) **LA GARA.** In una gara di corsa Probabilix ha tagliato il traguardo al posto medio, cioè lo stesso numero di partecipanti è arrivato davanti e dietro di lui. Tra i corridori superati da Probabilix c'era anche Statix, che è arrivato al decimo posto. Logicix è arrivato sedicesimo. Quanti corridori hanno partecipato alla gara? (Non è previsto il pareggio in gara).

(Dal Piccolo trofeo Da Vinci di Treviso 2011)

4) **UNA LUNGA CODA.** Ci sono 150 studenti in fila. Emanuele è il 90-mo a partire dall'inizio, Michele è il 90-mo a partire dal fondo. Quanti studenti ci sono fra Emanuele e Michele, loro esclusi?

(Dalla Gara a squadre Kangourou di Genova 2013)

5) **OROLOGIO DI CLASSE.** Sono le 12:00 ed è l'ultima ora di latino. Quest'ora non passa mai! Mi metto a guardare l'orologio e comincio a contare quante volte la lancetta dei secondi supera quella dei minuti fino al suono della campanella delle 13:10. Quanto conterò alla fine?

(Dalla Gara Leomajormath di Pordenone 2011)

6) **CANCELLA UNA CIFRA.** Avete un numero di due cifre entrambe diverse da zero e cancellate una delle due cifre: vi rimane un numero di una cifra. Di quante volte, al massimo, il numero che vi rimane può essere inferiore al numero di partenza? (Ad esempio, 2 è inferiore a 12 di 6 volte).

(Dalla Gara a squadre Kangourou di Udine 2012)

7) **FAMIGLIA NUMEROSA.** La nonna materna di Marchino ha 32 nipoti e la nonna paterna ne ha 14. Quanti fratelli ha al massimo Marchino?

(Dalla Coppa Ruffini junior 2014)

8) **FAMIGLIE NUMEROSE.** Numeruto Matemaki, il giovane e promettente mateninja del Villaggio della Retta, ha appena conosciuto i quattro fratelli Pyuga, ognuno dei quali ha una sorella più giovane di sé. Sapendo che Treji, il primogenito, è maschio, quanti figli ci sono in quella famiglia?

(Dalla Coppa Hilbert under-15 2008)

9) **LABORATORIO DI SCIENZE.** Oggi nell'ora di scienze abbiamo fatto un esperimento interessante. In una provetta, abbiamo inserito una colonia di batteri. Poi ci siamo accorti che ogni minuto

raddoppiava in maniera costante. Alle 11:58 avevano riempito 1/4 di provetta. Che ora era quando hanno riempito l'intera provetta?
Fornire la risposta nella forma hhmm. Se ad esempio sono le 9:37 scrivere 937.

(Dalla Gara Leomajormath di Pordenone 2011)

10) MAGO STRAMBELLO. C'era una volta un mago di nome Strambello. Il lunedì e il giovedì si vestiva di giallo, la domenica di blu, gli altri giorni della settimana di rosso.
Il 3 maggio di qualche anno fa indossò un abito blu.
Quanti furono i giorni in cui Mago Strambello si vestì di rosso durante quel mese di maggio?

(Dalla finale del Rally Matematico Transalpino 2006)

11) I PANETTONI. In negozio ci sono 9 panettoni identici. Tutti pesano 1kg escluso uno che è leggermente più leggero di 50 g. Qual è il numero minimo di pesate necessarie per individuare il panettone difettoso se si usa una bilancia a due bracci?

(Dalla Gara Leomajormath di Pordenone 2015)

12) LE BIGLIE INDISTINGUIBILI. In un'urna ci sono n biglie che appaiono identiche. In realtà n - 1 di esse hanno anche lo stesso peso, mentre la rimanente è leggermente più pesante delle altre. Clara ha una bilancia di precisione a due piatti (che cioè permette solo di confrontare i pesi di due gruppi di oggetti, posti uno su un piatto e uno sull'altro): con al massimo due pesate è in grado di individuare la biglia più pesante. Qual è il massimo valore possibile per n?

(Dalla finale nazionale della Coppa a squadre Kangourou 2014)

13) GATTE E GATTINI. In una casa vivono 5 gatte. Esse hanno 16 gattini. Qual è il massimo numero n per il quale si possa affermare che almeno una di esse ha almeno n gattini?

(Da La Matematica del Club Olimpico)

14) LE CARAMELLE DI GIULIO. Su di un vassoio ci sono caramelle di tre tipi. Giulio ne ha mangiate 14, ordinatamente per ogni tipo. Qual è il massimo numero n per il quale si possa affermare: "Giulio ha mangiato almeno n caramelle di uno stesso tipo?"

(Da La Matematica del Club Olimpico)

15) INTERROGAZIONE. La classe del villaggio è costituita da 28 alunni, tra maschi, femmine, adulti e piccolini. Di essi, un giorno, 12 sono stati interrogati in italiano, 8 in matematica e 7 in entrambe le materie. A quanti di loro è andata dritta perché non sono stati interrogati né in italiano né in matematica?

(Dal Piccolo trofeo Da Vinci di Treviso 2011)

16) FURTI DI POKEMATH. Questa settimana, i membri del Team Bracket sono riusciti a catturare 640 pokemath di diversi tipi: 350 di essi sono di tipo veleno e 480 sono di tipo erba. Ricordando che ogni pokemath può avere uno o due tipi e sapendo che solo 30 dei pokemath catturati non sono né di tipo erba né di tipo veleno, quanti sono sia di tipo erba che di tipo veleno?

(Dalla Coppa Hilbert under-15 2010)

17) QUADRATI SOVRAPPOSTI. Otto quadrati di 10 cm di lato, indicati con le lettere A, B, C, D, E, F, G e H, sono stati incollati l'uno dopo l'altro, in un certo ordine, su di un cartoncino quadrato di 20 cm di lato, come mostra la figura. Ritrovate in quale ordine i quadrati sono stati incollati.

   [Dare come soluzione i primi quattro quadrati della corretta sequenza di incollaggio, attribuendo alle lettere questi valori numerici: A=1; B=2; ...; H=8.
   Se la sequenza fosse ad esempio H G F E D C B A, allora la soluzione sarebbe 8765]

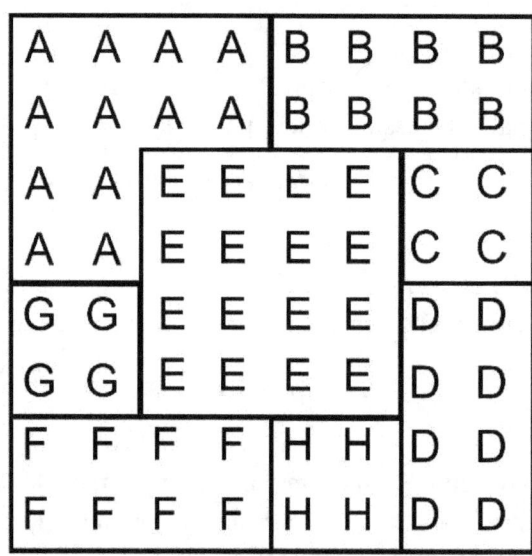

(Dal Rally Matematico Transalpino 2006)

18) **IN PORTINERIA.** In portineria Pico viene fermato dal vigile custode che lo mette subito in guardia: "Sta attento, qui ci sono degli studenti che fanno i furbi. Ma a me non mi fregano!" I furbi infatti mentono sempre mentre gli studenti modello dicono sempre la verità. Il custode ha raccolto queste dichiarazioni:

    Alessia: "Bianca fa la furba!"

    Bianca: "Christian fa il furbo!"

    Christian: "Davide fa il furbo!"

    Davide: "Io sono l'unico studente modello!"

    Eleonora: "Sono io l'unico studente modello!"

    Francesca: "Qui fanno tutti i furbi tranne me!"

Quanti studenti modello ci sono tra questi studenti?

(Dalla prima Coppa Immacolatine di Genova 2014)

19) **DOLCI MENZOGNE.** Andrea, Barbara e Carlo hanno in totale 30 caramelle.

    Andrea dice: "Io ho 3 caramelle."

    Barbara dice: "Io ho 12 caramelle meno di Carlo."

    Carlo dice: "Io ho la metà delle caramelle di Barbara."

Esattamente uno di loro sta mentendo. Quante caramelle ha Barbara?

(Dalla Coppa Ruffini junior 2013)

20) **GLI ABITANTI DI MATELANDIA.** I Professori radunano i ragazzi e dicono loro di fare attenzione perché gli abitanti di Matelandia sono cavalieri o furfanti. I cavalieri dicono sempre la verità, mentre i furfanti mentono sempre. L'alunno Numero Primo, uscito a passeggio, chiede a tre abitanti della città se sono furfanti o cavalieri. L'abitante A dice: "Siamo tre furfanti". L'abitante B dice: "Uno solo di noi è cavaliere". Numero Primo ha capito cosa sono A, B e C e tu?
Come risposta mettere al posto delle lettere ABC la cifra 1 se la corrispondente lettera è "cavaliere" o la cifra 2 se la corrispondente lettera è "furfante".

(Dalla quarta gara a squadre per scuole medie "Giovanna Spada" di Sassari 2015)

21) **INTORNO AD UN TAVOLO.** Sette persone sono sedute intorno ad un tavolo rotondo. Ognuno è un saggio (dice sempre la verità) o un mendace (mente sempre). Ognuno dice la frase: "Ho come vicini un saggio e un mendace".
Quanti saggi sono seduti al tavolo?

(Da La Matematica del Club Olimpico)

22) **INTORNO AD UN TAVOLO NUMEROSO.** 1998 persone sono sedute intorno ad un tavolo rotondo. Ognuno è un saggio (dice sempre la verità) o un mendace (mente sempre). Ognuno dice la frase: "Ho come vicini un saggio e un mendace".
Sapendo che c'è almeno un saggio al tavolo, quanti saggi sono seduti al tavolo?

(Da La Matematica del Club Olimpico)

23) **SINCERO E BUGIARDO.** Mauro è un tipo strano: ogni giorno dice sempre la verità da mezzanotte a mezzogiorno e mente sempre da mezzogiorno a mezzanotte. Inoltre ogni giorno lavora sempre e solo dalle 10.00 alle 17.00. Durante quante ore al giorno Mauro può dire: "In questo momento sto lavorando"?

(Dalla Coppa Marconi Junior – Gara a squadre Kangourou di Parma 2014)

24) **I TESTIMONI.** La polizia interroga i tre testimoni che hanno visto l'assassino.
Il primo testimone lo descrive come un uomo di 25 anni, alto 169 cm; il secondo lo ricorda di 35 anni e alto 174 cm mentre il terzo è sicuro che fosse di 35 anni e alto 165 cm.
Sapendo che ogni testimone ha identificato correttamente solo una delle due caratteristiche trovare la loro somma età+altezza.

(Dalla Gara Leomajormath di Pordenone 2015)

25) **LA TORRE DI HANOI.** La torre di Hanoï è composta di n anelli di diverse dimensioni, messi su un perno secondo l'ordine decrescente delle dimensioni (vedere figura). Si chiede di rimettere gli anelli su di un altro perno, usandone un terzo, rispettando le seguenti regole: ad ogni passaggio, si può trasferire un solo anello e non è consentito poggiare un anello su di un altro più piccolo.
Qual è il minimo numero di passi necessari per ricostruire una torre di Hanoï di 3 anelli su di un altro perno?

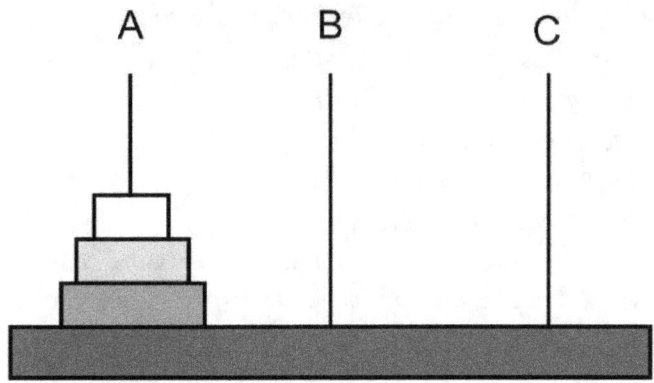

(Da La Matematica del Club Olimpico)

26) **FINESTRE ILLUMINATE.** È sera. Maria è nella sua camera e guarda la facciata del palazzo che le sta di fronte. Questo disegno mostra ciò che vede Maria: un palazzo di cinque piani con tante finestre. Alcune finestre sono illuminate ed altre no.

Maria osserva che:

- *Al primo piano ci sono tre finestre illuminate.*
- *Anche al quarto piano ci sono tre finestre illuminate.*
- *Nella colonna di sinistra, nel caso di 2 finestre che stanno vicine, una è illuminata e l'altra no.*
- *Nella colonna a destra ci sono due finestre illuminate.*
- *Al quinto piano vi è una sola finestra illuminata.*
- *Al terzo piano tutte le finestre sono illuminate.*
- *In tutto ci sono 13 finestre illuminate.*

Quante e quali finestre sono accese al secondo piano?

[Usando questo codice: 1=finestra accesa, 0=finestra spenta, dare come soluzione la combinazione di finestre accese/spente del 2° piano, da sinistra a destra. 1111=tutte accese, 0000=tutte spente]

(Dalla finale del Rally Matematico Transalpino 2014)

27) MERENDE AL PARCO. Al parco "Oasi Verde", Chiara, Giulia, Sara e Valentina stanno giocando insieme, quando le mamme le chiamano per dare loro la merenda. La bambine hanno età diverse: 5, 6, 7, 8 anni, indossano magliette di diverso colore: giallo, rosa, azzurro e viola ed hanno per merenda cose diverse: gelato, merendina, panino e frutta.
- La bambina con la maglia viola mangia il panino.
- Chiara, che non è la più piccola, ha la maglietta rosa e non mangia la frutta.
- La bambina che mangia la merendina è la sorella maggiore di Valentina ed è più piccola di Sara.
- La bambina con la maglietta azzurra è più piccola di Giulia ed è più grande di quella che mangia la frutta.

Avendo queste informazioni, riuscite a dire quanti anni ha ciascuna bambina? Dare la risposta scrivendo, in ordine, le età di Chiara, Giulia, Sara e Valentina.

(Dalla Coppa Ruffini junior 2010)

28) IL MAZZO DI FIORI. Clara ha ricevuto un mazzo formato da quindici fiori. Vede che nel mazzo ci sono fiordalisi, margherite, rose e tulipani e che:
- fiordalisi, margherite, rose e tulipani sono in quantità tutte diverse;
- ci sono quattro fiori di uno stesso tipo;
- i tulipani e le margherite formano insieme un mazzetto di sei fiori;
- i tulipani e i fiordalisi formano insieme un mazzetto di sette fiori.

Di quanti fiori di ciascun tipo potrebbe essere composto il mazzo di Clara?

[Dare come soluzione il numero di rose presenti nel mazzo di Clara]

(Dal Rally Matematico Transalpino 2014)

29) **LA COMBINAZIONE.** Il Professore che accompagna i ragazzi in questa avventura, Gaetano Lesotutte, arrivato in camera, vuole aprire il suo trolley chiuso con una combinazione che è sicuro di ricordare benissimo. Ma non è così e, dopo qualche tentativo, cerca sulla sua agenda l'appunto che si era scritto: "Trova i due numeri da eliminare dalla seguente serie: 5 8 15 18 21 25 28 35 38 42 45 e scrivili in ordine crescente uno di seguito all'altro. Questa è la combinazione per aprire il trolley". Qual è la combinazione?

(Dalla quinta gara a squadre per scuole medie "Giovanna Spada" di Sassari 2016)

30) **LA SUCCESSIONE.** Quale è il centesimo termine della successione di cui sono suggeriti i sui primi termini?

$$0, 1, 0, 0, 2, 0, 0, 3, 0, \ldots$$

(Da La Matematica del Club Olimpico)

31) **IL CODICE.** Dopo il suo momento di gloria Pico si guarda intorno. Gli piace la scuola dove è arrivato, pensa che potrà adattarsi bene. Ma... dove è il prof. di Matematica? Ancora non l'ha incontrato... E proprio quando sta per spegnersi, fiero e lieto dei servizi prestati, salta fuori il professore: Pico, vieni qua! Secondo me sei più lento degli studenti! Sotto questo codice di mia invenzione sta celato un numero, ma io scommetto che tu, nonostante la tua potenza di calcolo, non saprai dire quale sia! Invece ho più fiducia negli studenti... Eccolo qua:

MEIFLOLAECSREGTITIELCNETNATIOPVCECNCTRUINVO.

(Dalla prima Coppa Immacolatine di Genova 2014)

32) **MESSAGGIO IN CODICE DA LOGICIX.** Logicix, che si è infiltrato tra le fila dei nemici, ha scoperto il numero di soldati pronti a scendere in battaglia. Vuole farlo sapere a Statix; prima di inviare il messaggero, però, crittografa il messaggio, perché se il messo cadesse in mani nemiche, il testo non verrebbe compreso. Provate a decodificarlo anche voi.
Scrivete cifre ai posti delle lettere in modo che la somma AB + BC + CA = ABC sia corretta (diverse lettere rappresentano cifre diverse). Quanto vale il numero ABC?

(Dal Piccolo trofeo Da Vinci di Treviso 2011)

33) **LA COMBINAZIONE AUTOREFERENZIALE.** Dopo la distruzione del Grande Albero delle Intuizioni, John, Cal e Marie sono fatti prigionieri dal perfido Signore dell'Oscurantismo e rinchiusi

in una cella il cui dispositivo di apertura è protetto da una combinazione di otto cifre. In loro soccorso giunge l'amica Gaetana, la quale è a conoscenza del fatto che la prima cifra della combinazione indica quante cifre "0" ci sono nella combinazione stessa, la seconda quante cifre "1" e così via, fino all'ottava cifra che indica quante cifre "7" ci sono nella combinazione. Sapresti aiutare Gaetana a trovare la combinazione e liberare così i suoi amici?

[Dare come risposta le prime 4 cifre della combinazione]

(Dalla seconda Coppa Immacolatine di Genova 2014)

34) UNA SEQUENZA LUNGA. Immaginate una sequenza di 2010 numeri interi positivi costruita con la regola seguente. Il primo (il più piccolo) è 3 e ciascuno dei successivi è la somma del precedente con il quadrato del precedente (cioè, se q è un numero della sequenza e p è il numero che lo precede nella sequenza, si ha $q = p + p^2$). Quali sono le ultime due cifre dell'ultimo (il più grande)?

(Dalla semifinale nazionale della Coppa a squadre Kangourou 2010)

35) LA LOTTERIA DELLA FIERA DEL GIOCO. Ogni biglietto della lotteria della Fiera del Gioco contiene cinque numeri distinti scelti a caso tra 1 e 25. Il biglietto è vincente se tra questi cinque numeri non ce ne sono due che stanno nella stessa riga o nella stessa colonna della tabella in figura.

Quando si trova un biglietto vincente si vincono un numero di euro pari al più grande dei cinque numeri segnati sul biglietto. Quanto vinceremo, almeno, se troviamo un biglietto vincente?

1	2	3	4	5
16	17	18	19	6
15	24	25	20	7
14	23	22	21	8
13	12	11	10	9

(Dalla Coppa Ruffini junior 2012)

36) **LA GRIGLIA.** In ogni cella della griglia 3 · 4 in figura vuoi sistemare un numero intero positivo rispettando tutte le seguenti regole:

- i numeri devono essere tutti diversi fra loro;
- in ogni riga ogni numero dal secondo (da sinistra) in poi è un multiplo del precedente;
- in ogni colonna ogni numero dal secondo (dall'alto) in poi è un multiplo del precedente.

Qual è il più piccolo numero che può comparire nella cella indicata con A?

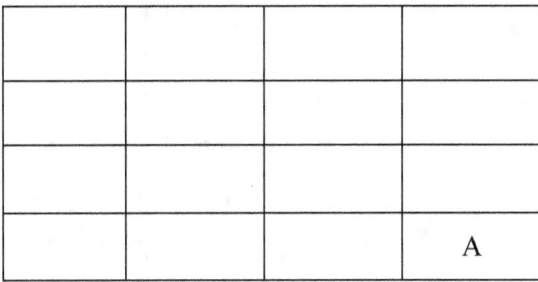

(Dalla finale nazionale della Coppa a squadre Kangourou 2009)

37) **I TESTS DI MARIE.** La recluta matematica della dottoressa Marie ha il compito di fare dei test biochimici sulla vegetazione del pianeta Pandora e permetterle così l'analisi dei dati nel laboratorio. Nel corso di questi, la recluta utilizza un trasduttore di segnale che collega alle radici degli alberi e che fa uso dei soli numeri 1, 2, 5, 10, 20 e 50. A causa di un malfunzionamento, sul display compare la griglia a fianco in cui sono indicati solamente il totale di ogni riga e di ogni colonna. Sapresti individuare i valori presenti in ogni casella della griglia?

	80	59	122	54
103				
10				
62				
140				

[Dare come risposta la somma dei numeri presenti sulle due diagonali]

(Dalla seconda Coppa Immacolatine di Genova 2014)

38) **NON CI CAPISCE UN'ACCA.** Sakkiente sta studiando una tecnica matemagica che si tramanda nella sua famiglia. Per prepararla si tracciano 7 quadratini a forma di H come in figura e poi vi si dispongono dei semi di matelia (rara pianta esotica). Ogni quadrato deve contenere un numero diverso di semi, non meno di 1 e non più di 9, inoltre il prodotto dei tre numeri su ciascuna delle tre strisce che formano la H deve essere sempre lo stesso. Quello che va fatto dopo per Sakkiente è banale mateninjutsu, ben alla portata delle sue capacità, ma questa cosa dei semi lo sta un po' bloccando. Riuscite a dargli una mano?

Rispondere il numero che si ottiene mettendo in ordine dalla minore alla maggiore le cifre corrispondenti alle quantità di semi nei quattro angoli.

(Dalla Coppa Hilbert under-15 2008)

39) **LA GRIGLIA.** Quella in figura è una griglia irregolare in alcune delle cui caselle compaiono già dei numeri. Dovete riempire le restanti caselle utilizzando solo numeri interi da 1 a 9 inclusi (uno per casella) e rispettando tutte le regole seguenti:

- le caselle grigie devono ospitare solo numeri dispari, quelle bianche solo numeri pari;
- nessun numero può comparire più di una volta in una stessa riga;
- nessun numero può comparire più di una volta in una stessa colonna;
- in ogni riga e in ogni colonna in cui compare la freccia, la somma dei numeri a partire dalla casella con la freccia, nella direzione indicata dalla freccia, deve essere uguale al numero indicato nella casella precedente la freccia.

Quale numero devi inserire nella casella indicata dal punto di domanda?

(Dalla semifinale nazionale della Coppa a squadre Kangourou 2009)

40) **LA GRIGLIA MAGICA.** Nella tabella seguente, riuscite a sostituire alle lettere i numeri interi che vanno da 1 a 9, utilizzati una e una sola volta, in modo che i sei prodotti dei tre numeri di ciascuna riga e di ciascuna colonna siano uguali ai valori indicati? Scrivete come risultato il prodotto dei cinque numeri che avete scritto nelle caselle delle due diagonali (cioè quelle con le lettere a, c, e, g, i).

a	b	c	84
d	e	f	16
g	h	i	270
40	27	336	

(Dalla Gara a squadre Kangourou di Modena e Reggio Emilia 2012)

41) **LA GRIGLIA 3·3.** In ogni cella di una griglia 3 · 3 va inserito un numero intero positivo (celle diverse possono ospitare lo stesso numero) in modo che, sommando i numeri inseriti sia per righe sia per colonne, si ottengano sei risultati tutti diversi fra loro. Qual è il valore più basso possibile per la somma di tutti i numeri inseriti?

(Dalla finale nazionale della Coppa a squadre Kangourou 2014)

42) **LA GRIGLIA QUADRATA.** In ogni cella di una griglia quadrata 6 × 6 è inserito un numero. Comunque siano considerate una riga e una colonna, la somma dei numeri nella riga coincide con la somma dei numeri nella colonna. I 36 numeri inseriti non sono tutti uguali fra loro, ma n di essi sono uguali fra loro. Qual è il massimo valore possibile di n?

(Dalla Gara a squadre Kangourou di Genova 2014)

43) **MONTAGNE FLUTTUANTI.** La sezione di una delle montagne fluttuanti di Pandora appare come nella figura, cosicché i giovani guerrieri matematici si divertono a disegnarle sulle grandi foglie degli alberi e inventarsi strani giochetti logici. Uno di questi chiedeva di inserire in ogni casella vuota un numero da 1 a 9 in modo tale da essere la somma o la differenza delle due caselle sottostanti. Inoltre nella riga grigia (terza dall'alto) almeno un numero deve ripetersi almeno due volte mentre nelle altre righe non possono comparire due cifre uguali.

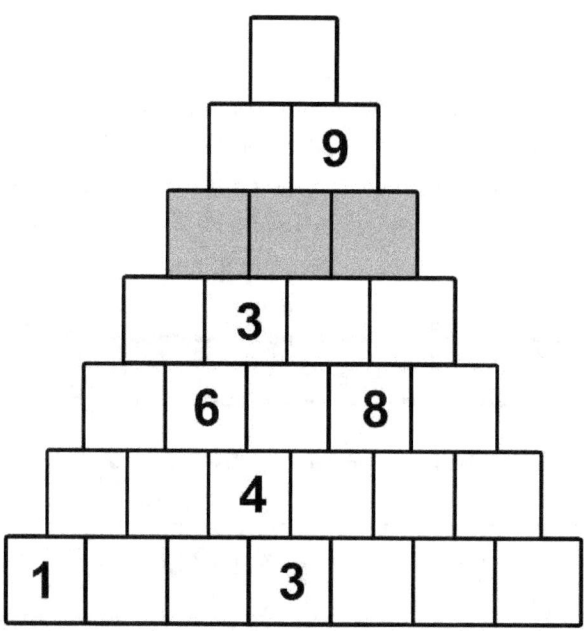

[Dare come risposta i primi quattro numeri della sesta riga dall'alto, letti da sinistra a destra].

(Dalla seconda Coppa Immacolatine di Genova 2014)

44) TRIANGOLI E TRIANGOLINI. Se il triangolino della figura 1 ha area 1 quanto vale l'area del triangolo della figura 13 di questa sequenza?

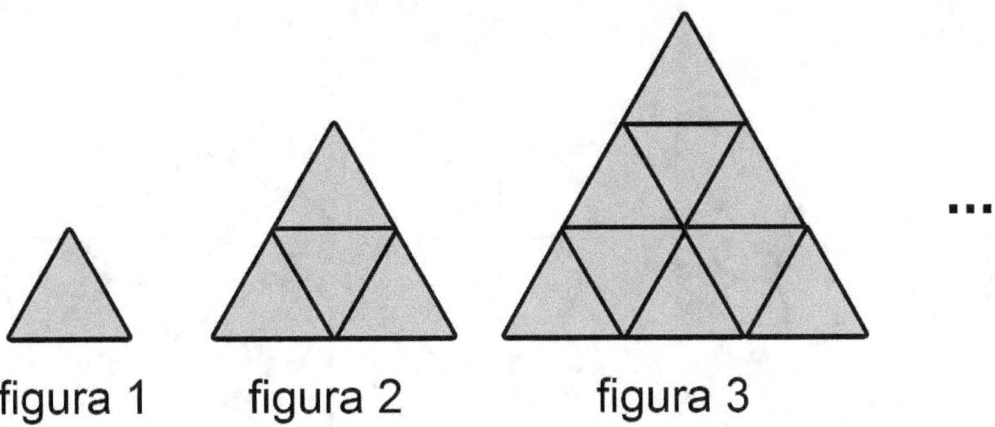

(Dalla Gara Leomajormath di Pordenone 2015)

45) I NUMERI "DIAMANTI". Utilizzando i primi numeri naturali si costruiscono i "diamanti" numerici, come mostrato qui sotto:

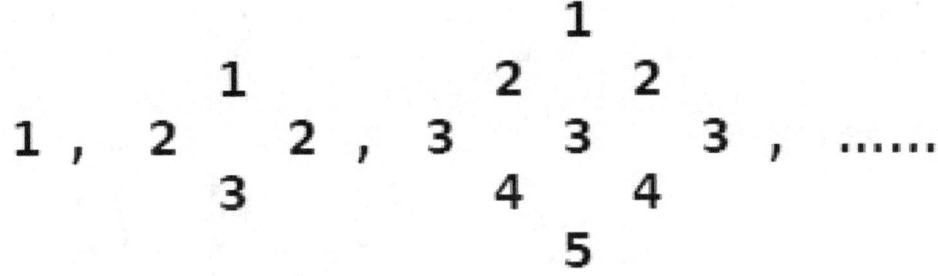

La somma dei numeri che formano il primo diamante è 1; quella del secondo è 8, ... Qual è la somma dei numeri che formano il 12° diamante?

(Dalla Gara "2 Giorni di Matematica" di Pordenone 2007)

46) UN ALBERO SAPIENTE. Durante l'addestramento, Cal conduce John presso l'Albero delle Intuizioni che ha la capacità di ascoltare le preghiere e qualche volta esaudirle. John, sperando di essere fortunato, prega l'Albero di aiutarlo a capire la struttura geometrica di Pandora. Ha notato infatti che alcuni fiori nel riprodursi assumono vari stadi sempre più evoluti. Si è annotato i primi

stadi dell'evoluzione di una di queste piante annotando per ogni stadio il numero di fiori (cerchi) e vorrebbe sapere quanti fiori ci sono nel ventesimo stadio dell'evoluzione. Che risponde l'albero delle Intuizioni a John?

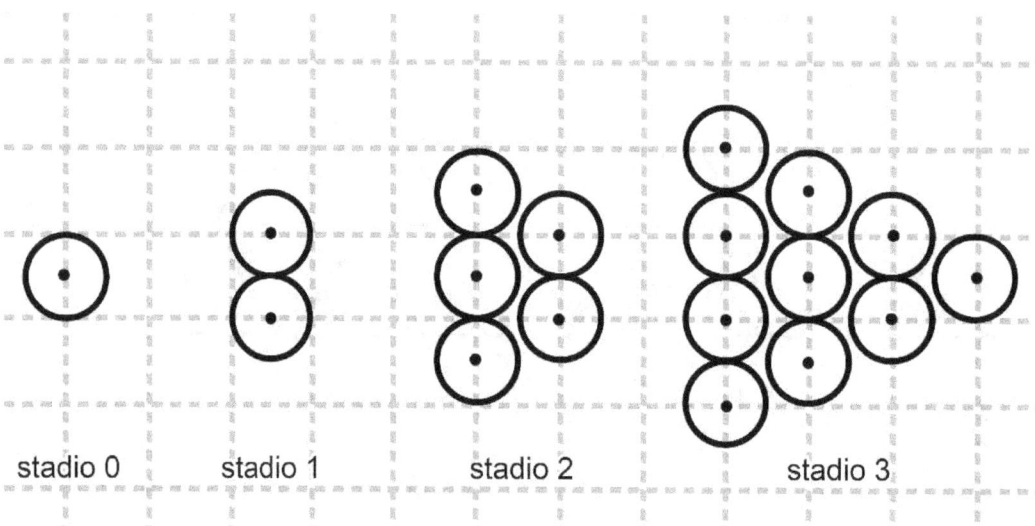

(Dalla seconda Coppa Immacolatine di Genova 2014)

47) I PAVIMENTI DELLA PALESTRA. La palestra di Quadratopoli è formata da 15 stanze pavimentate con piastrelle quadrate bianche e nere. Le tre figure disegnate qui a fianco rappresentano le pavimentazioni delle prime tre stanze. Sapendo che le pavimentazioni seguono questo schema in tutte le 15 stanze, quante piastrelle nere ci sono nella quindicesima stanza?

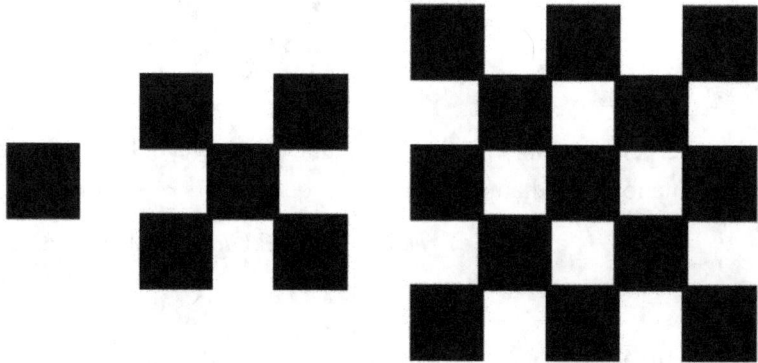

(Dalla Coppa Hilbert under-15 2010)

48) **I TIMBRI NERI.** Alì Babà ha scoperto la caverna della Banda dei Timbri neri che contiene centinaia di oggetti preziosi. Ogni ladro della banda ha impresso il proprio timbro sugli oggetti che ha rubato. Tutti i timbri della banda sono griglie quadrate di nove caselle due delle quali sono nere e le altre sette bianche. Per riconoscere i propri oggetti, ogni ladro ha un timbro diverso da quello degli altri ladri.

Alì Babà ha potuto riconoscere tre di questi timbri impressi su sei oggetti rubati:

- due oggetti con il timbro di Jojo-stampella,
- tre oggetti con quello di Rackham-il-guercio,
- un oggetto con il marchio di Dedé-foglie-larghe.

Ecco le foto dei timbri sugli oggetti:

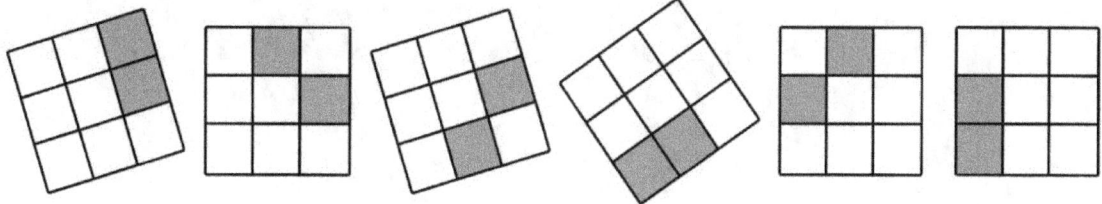

Da quanti ladri, al massimo, potrà essere formata la Banda dei Timbri neri, affinché ciascuno di loro abbia un timbro diverso da quello degli altri?

(Dal Rally Matematico Transalpino 2014)

49) **I FIAMMIFERI.** La figura vi mostra come costruire 3 quadrati usando 10 fiammiferi. Qual è il minor numero di fiammiferi che vi consente di costruire 30 quadrati (ciascuno di un fiammifero di lato)?

(Dal Piccolo trofeo Da Vinci di Treviso 2012)

50) **LA SCACCHIERA.** Avete a disposizione una scacchiera 8 × 8 (come quella della dama o degli scacchi) e 50 pedine. Volete disporre sulla scacchiera le pedine in modo che:

- ogni pedina stia esattamente dentro qualche casella e non ce ne sia più di una in ogni casella;
- coppie di caselle occupate da pedine non abbiano lati in comune (pur potendo avere un vertice in comune);
- da qualunque casella rimasta libera si possa raggiungere ogni altra casella libera, solo passando in verticale o in orizzontale su altre caselle libere, senza scavalcare pedine.

Qual è il massimo numero di pedine che potete disporre sulla scacchiera?

(Dalla semifinale nazionale della Coppa a squadre Kangourou 2009)

TESTI DEI NUOVI 20 PROBLEMI

ALTRI PROBLEMI?!? Ebbene sì, se i primi 50 non vi sono bastati, oppure se li avevate tutti precedentemente risolti perché già in possesso del volume unico di "Matematica a Squadre" (con 366 e più problemi), eccovi allora 20 problemi tutti nuovi, tratti da alcune delle più recenti gare a squadre che si sono svolte in questi ultimi anni. Per la cronaca: le gare sono aumentate, molte si copiano tra loro o propongono addirittura gli stessi testi in quanto si svolgono contemporaneamente in più città (si vedano le gare locali di Coppa Kangourou). Non me ne abbiano i concorrenti delle città che non sono state menzionate e che ritroveranno magari un problema che hanno affrontato (e che magari li ha fatti perdere... o vincere!) sotto le insegne di un'altra località.

Bando ai convenevoli, e sotto con questa batteria, menti logiche!

1) LE BIGLIE DI ARTURO. Arturo ha l'abitudine di riporre le sue biglie in scatole di due tipi diversi:

Mette sempre lo stesso numero di biglie in ogni scatola bianca e mette sempre lo stesso numero di biglie in ogni scatola nera.
Lunedì, Arturo mostra queste scatole bianche a Filippo e gli dice: "In queste scatole, ci sono in tutto 42 biglie".

Martedì, Arturo mostra queste altre scatole a Filippo e gli dice: "In queste scatole, ci sono in tutto 30 biglie".

Mercoledì, Arturo mostra ancora altre scatole a Filippo e gli domanda: "In queste scatole, quante biglie ci sono in tutto?".

(Dal Rally Matematico Transalpino 2016)

2) I QUADRI. Clara ha appeso cinque quadri, l'uno a fianco all'altro sul muro, sopra il suo letto. In uno di essi è disegnato un sole, in un altro una nuvola, in un altro una luna, in un altro un fulmine e in un altro ancora una stella. Quando guarda i cinque quadri, Clara vede che:
   - la luna non è a fianco della stella e neppure a fianco della nuvola;
   - ci sono due quadri fra quelli del sole e della stella;
   - la nuvola è di fianco alla stella, a destra;
   - il fulmine è di fianco alla luna.

   Mettete i quadri nel giusto ordine.
   [Dare la risposta usando questo codice e indicando, nell'ordine, i primi quattro quadri da sinistra verso destra: sole=1; nuvola=2; luna=3; fulmine=4; stella=5]

   (Dal Rally Matematico Transalpino 2015)

3) IN MAGNA GRECIA: IL VIAGGIO. Colonia greca nell'Italia meridionale, la Magna Grecia è sede di molte città di sapere e cultura e per Pitagora è una meta obbligatoria! In particolare il Maestro vorrebbe visitare cinque città che conosce solo con l'identificazione di un numero: 1, 2, 3, 4 e 5. Prima di partire prende informazioni su queste città e gli viene detto quanto segue:
   - Le città sono tutte sulla costa ionica della Lucania (pressoché rettilinea);
   - 2 è la città più vicina a 5 tra le altre quattro;
   - Ci sono due città tra 1 e 4;
   - 4 non è a una estremità;
   - 2 è a est di 3 e tra loro c'è una delle altre tre città.

   Pitagora decide di iniziare il suo viaggio dalla prima città a ovest. Quali sono, nell'ordine, le prime quattro città che visita?

[Dare come soluzione l'ordine delle città secondo il numero che le identificano, se ad esempio l'ordine fosse 5-4-3-2-1 la risposta sarebbe 5432.]

(Dalla Coppa Pitagora 2016)

4) **EXTRA-TERRESTRI.** In un lontanissimo pianeta vivono cinque strane creature: ET1, ET2, ET3, ET4 e ET5 che si riconoscono da tre caratteristiche:
   - ✓ un'antenna;
   - ✓ una proboscide;
   - ✓ una coda.

   Ognuna delle cinque creature possiede almeno una di queste caratteristiche, alcune di loro ne hanno due, nessuna di loro le ha tutte e tre.
   Si sa che:
   - ➤ ET2 ha un'antenna;
   - ➤ ET3 ha la coda, invece ET1 non ce l'ha;
   - ➤ ET1 e ET5 non hanno la proboscide;
   - ➤ le cinque creature sono tutte diverse;
   - ➤ in tutto si contano tre proboscidi, due code e tre antenne.

   Indicate quali sono le caratteristiche (antenna, proboscide, coda) di ET4.

   [Indicando con 0=caratteristica assente e con 1=caratteristica presente, dare le tre caratteristiche di ET4 nell'ordine richiesto. Se le avesse tutte e tre, ad esempio la soluzione sarebbe 0111]

   (Dal Rally Matematico Transalpino 2015)

5) **I CENTO METRI.** Cinque concorrenti hanno corso la finale dei 100 metri ai campionati studenteschi. I loro pettorali avevano i numeri 1, 2, 3, 4 e 5. Ecco la conversazione telefonica tra il cronista e il redattore di un giornale sportivo.

   Cronista: Nessuno ha concluso la gara al posto indicato dal numero del proprio pettorale.
   Redattore: Questa affermazione mi lascia 44 possibilità!
   Cronista: Esatto. Ma il numero di pettorale del primo e dell'ultimo sono dispari.
   Redattore: Questo non basta.
   Cronista: L'atleta col pettorale numero 2 è arrivato davanti a quello col pettorale numero 5.
   Redattore: Ora conosco i piazzamenti!

   Scrivete nell'ordine i pettorali corrispondenti alle prime 4 posizioni.

   (Dalla Gara a squadre Kangourou di Genova 2017)

6) **I RAGAZZI E LA HOSTESS.** Durante il viaggio in aereo per Matelandia, la hostess offre ai ragazzi della nostra squadra uno spuntino, facendoli scegliere tra panino, tramezzino e brioches:
   - 2 ragazzi hanno mangiato sia panino, che tramezzino, che brioches;
   - 4 ragazzi hanno mangiato soltanto il tramezzino;
   - 8 ragazzi hanno mangiato soltanto il panino;
   - 7 ragazzi hanno mangiato la brioches.

   Quanti sono i ragazzi?

   (Dalla gara a squadre per scuole medie "Giovanna Spada" di Sassari - 2018)

7) **EULERO.** Qui a San Pietroburgo siamo in 35, me compreso, a occuparci di Scienza. 25 si occupano di Matematica e 18 di Fisica (tra questi il mio caro amico Bernoulli!), mentre in 2 non studiano né Matematica né Fisica. Orbene, quanti si occupano sia di Matematica che di Fisica?

   (Dalla Coppa Pitagora 2017)

8) **DE MORGAN.** Logica. Logica, logica, logica! La mente umana si basa interamente sulla logica, almeno questo è ciò in cui credo fermamente. Ad esempio mi sono imbattuto in questo curioso indovinello e sono certo che, con l'ausilio di una mente logica, saprò dare la soluzione!

   Tre amici, i cui cognomi sono Bianchi, Neri e Rossi, si ritrovano a pranzo. Solo uno di loro è una donna. «Ho notato che i nostri cognomi corrispondono a colori di capelli e che tra noi c'è proprio una persona con i capelli bianchi, una con i capelli rossi e l'altra con i capelli neri» osserva la donna. «La cosa più strana – risponde la persona con i capelli neri – è che nessuno di noi ha i capelli che si accordano con il proprio cognome.» «Avete proprio ragione!» esclama Bianchi. Stabilire qual è il colore dei capelli di ciascuno ed individuare la donna all'interno del gruppo. Dare la risposta mettendo 1 per capelli bianchi, 2 per capelli neri e 3 per capelli rossi ed indicando nell'ordine il colore dei capelli dei signori Bianchi, Neri, Rossi e della donna.

   (Dalla Coppa Pitagora 2017)

9) TURING. Sto escogitando una macchina che funzioni a blocchi. Avrà molte applicazioni, aiuterà a fare i conti. Due di questi blocchi eseguono le seguenti operazioni: il blocco "P" preso il numero n restituisce il numero 2n (il suo doppio), il blocco "D", invece, preso il numero n restituisce il numero 2n+1 (il suo doppio aumentato di uno). Vorrei combinare in sequenza un certo numero di blocchi P e D in modo che, partendo da n =1, si arrivi a ottenere esattamente 139. Qual è il numero minimo di blocchi da usare?

(Dalla Coppa Pitagora 2017)

10) NASH. Ritengo che cooperare sia importante. Specie quando bisogna decifrare un messaggio in codice. O comprendere il prossimo passo del nemico, o, più semplicemente, i numeri mancanti in un quadrato magico. Quello con cui mi sto cimentando è un quadrato 4×4 e come ogni quadrato magico ha la proprietà che la somma dei numeri presenti in ogni riga, in ogni colonna e nelle due diagonali è costante. La costante di questo quadrato vale 34 e in esso devono comparire tutti i numeri da 1 a 16. Nel quadrato qua sotto mancano parecchi numeri e sono stati sostituiti ognuno con una lettera. Sapete dirmi quanto valgono le lettere C, D, E?

[Dare come soluzione C×D+E.]

12	7	A	B
C	D	16	E
F	11	G	10
1	H	4	K

(Dalla Coppa Pitagora 2017)

11) LA PROVA D'INGRESSO. Il Lord era solito presentare a coloro che aspiravano a diventare suoi seguaci una sorta di prova d'ingresso: *La griglia in figura può essere riempita usando solo i numeri 1, 2, 3, 4, 5 in modo che ogni numero compaia una e una sola volta in ogni riga, in ogni colonna e in ogni diagonale. Qual è la somma dei numeri che compaiono nelle caselle grigie?*

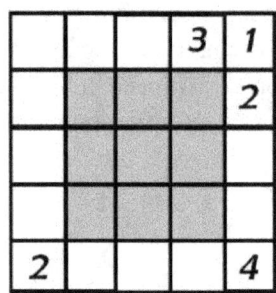

(Dalla Coppa Galilei – Gara a squadre Under 15 di Verona – 2018)

12) **SHIKAKU.** A Nicole piacciono molto i giochi giapponesi come lo shikaku. Bisogna ricoprire interamente con dei rettangoli la griglia proposta. Ogni rettangolo è costituito da un numero di quadretti pari al numero inscritto in esso.

[Dare come risposta il numero di rettangoli che confinano con un lato o parte di esso (non con un vertice soltanto) con i due rettangoli col n.11; scrivere i due numeri trovati in ordine crescente, uno di seguito all'altro]

(Dalla gara a squadre per le prime superiori "Matematica senza frontiere" 2017)

13) **GITA A MATELANDIA.** La classe terza Z della Scuola Media della nostra città ha sbaragliato tutte le altre scuole della regione, d'Italia e d'Europa nelle Gare di Matematica e ora si appresta a partire per la città di Matelandia, nello Stato di Numerovia dove si disputerà la finalissima. I partecipanti saranno tantissimi. Volete sapere quanti? Basta scoprire qual è il nono numero che dovrebbe seguire i seguenti otto scritti in successione:

$$1,\ 3,\ 8,\ 19,\ 42,\ 89,\ 184,\ 375.$$

(Dalla gara a squadre per scuole medie "Giovanna Spada" di Sassari - 2018)

14) **SCALE.** Ecco i primi tre elementi di una successione di figure. Esse sono costituite da quadrati neri disposti in modo da formare delle "scale" che si ingrandiscono con regolarità da una figura alla successiva.

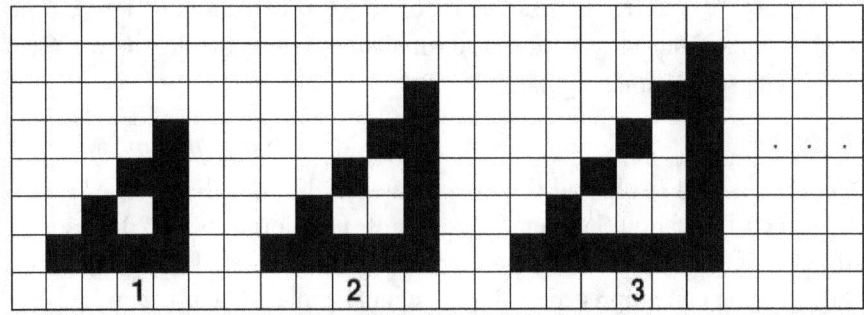

In questa successione, quale sarà il numero attribuito alla figura costituita da 210 quadrati neri?

(Dal Rally Matematico Transalpino 2016)

15) **SEMPRE PIÙ GRANDI!** Il disegno qui sotto mostra le prime tre figure, con posizioni indicate con 1, 2, e 3, di una successione regolare disegnata su carta quadrettata. La loro "cornice esterna" ha sempre lo stesso spessore, l'interno è formato da quadrati neri allineati, il numero dei quali aumenta di 1 da una figura all'altra, sia nelle colonne sia nelle righe.

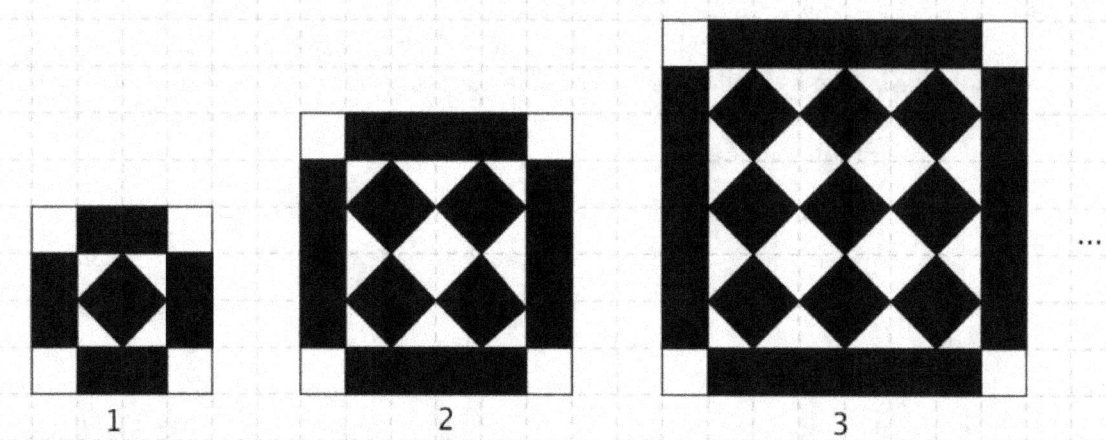

Per una delle figure di questa successione regolare, se si calcola la differenza tra l'area delle parti nere e l'area delle parti bianche, si trova 196 (in quadretti della quadrettatura). Qual è la posizione di questa figura nella successione regolare?

(Dal Rally Matematico Transalpino 2015)

16) **FURFANTI IN FILA.** L'isola Tullyan è popolata da due tipi di persone: i cavalieri (che dicono sempre il vero) ed i furfanti (che mentono sempre). Un giorno, ben 420 persone sono in fila per il biglietto di un concerto. Ciascuno di essi (tranne il primo della fila, che sta comprando il biglietto) afferma: "La persona che mi precede nella fila è un furfante". Quanti sono i furfanti nella fila?

(Dai Giochi di Tullio – Gara a squadre di Roma – 2016)

17) **ROBOT.** 2017 robot sono in fila: ognuno di essi o mente sempre (è un bugiardo) oppure dice sempre la verità. Ognuno dei primi 2016 dice: "Il robot alle mie spalle è un bugiardo". Il 2017-esimo dice "Io sono come quello che mi precede". Quanti sono i bugiardi?

(Dalla Gara a squadre Kangourou di Genova 2017)

18) **PAPPAGALLI.** 2017 pappagalli sono in fila indiana e tutti fino al 2016-esimo escluso affermano: "Il pappagallo che mi segue è verde", mentre il 2016-esimo dice: "Quello che mi segue è un ippopotamo blu". Al che il 2017-esimo pappagallo esclama: "Io non sono un ippopotamo blu!" È risaputo che tutti i pappagalli verdi mentono e che tutti i pappagalli che mentono sono verdi. Quanti dei 2017 pappagalli sono verdi?

(Dalla Coppa Marconi junior - Gara a squadre Kangourou di Parma - 2017)

19) **VICINI DI TAVOLO.** 100 persone siedono ad un tavolo circolare. Ognuna di esse è un bugiardo (mente in ogni sua affermazione) oppure un veritiero (dice sempre la verità). Ognuna di esse pronuncia la seguente affermazione: *Le due persone sedute al mio fianco sono una un veritiero e l'altra un bugiardo.* Quanti sono i bugiardi seduti al tavolo?

(Dal Piccolo Trofeo Da Vinci di Treviso 2016)

20) **IL SACCHETTO VUOTO.** C'erano 10 caramelle in un sacchetto e Charlie e Percy le hanno mangiate tutte. Charlie: "Ho mangiato meno di sette caramelle". Percy: "Anch'io". Charlie: "Ma ne ho mangiate più di quattro". Percy: "Comunque sono sicuro di averne mangiate meno di te". Ciascuno dei due fratelli ha detto la verità una volta e si è sbagliato una volta. Quante caramelle ha mangiato Percy?

(Dalla Coppa Galilei – Gara a squadre Under 15 di Verona – 2018)

SOLUZIONI SOLO NUMERICHE

Non mi scoraggio perché ogni tentativo sbagliato scartato è un altro passo avanti.
Thomas Alva Edison

Solitamente nelle gare matematiche a squadre la soluzione è un numero composto da 4 cifre, se ve ne sono meno, allora si devono aggiungere degli zeri. Ad esempio se la soluzione è 543 occorre scrivere 0543, se la soluzione è 7 occorre scrivere 0007.

PRIMI 50

#	Sol	#	Sol	#	Sol	#	Sol
1	0064	14	0005	27	6875	40	0840
2	0005	15	0015	28	0006	41	0017
3	0017	16	0220	29	2142	42	0032
4	0028	17	2348	30	0000	43	6241
5	0069	18	0002	31	1721	44	0169
6	0091	19	0018	32	0198	45	1728
7	0013	20	0212	33	4210	46	0401
8	0005	21	0000	34	0092	47	0421
9	1200	22	1332	35	0017	48	0010
10	0018	23	0009	36	0072	49	0071
11	0002	24	0204	37	0180	50	0021
12	0009	25	0007	38	1368		
13	0004	26	0110	39	0009		

NUOVI 20

1	0034	6	0019	11	0027	16	0210
2	1345	7	0010	12	0048	17	1009
3	3425	8	3121	13	0758	18	1008
4	0010	9	0007	14	0068	19	0100
5	3425	10	0029	15	0025	20	0006

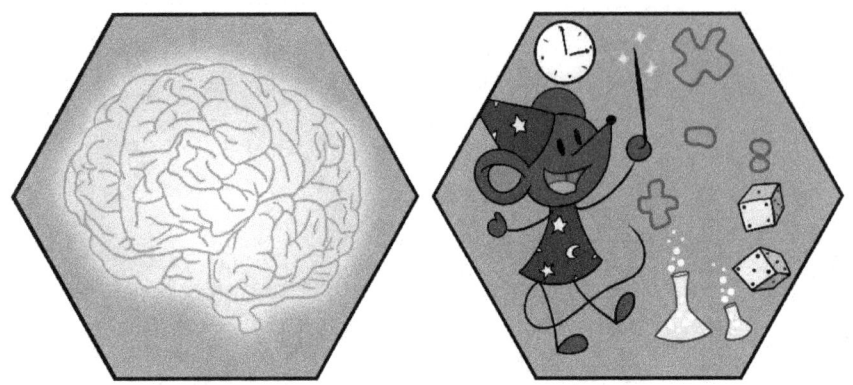

SOLUZIONI PIU' DETTAGLIATE

Manca di mentalità matematica tanto chi non sa riconoscere rapidamente ciò che è evidente, quanto chi si attarda nei calcoli con una precisione superiore alla necessità.

Carl Friedrich Gauss

PRIMI 50

1) UN QUOTIDIANO. Innanzitutto si osserva (o si scopre) che in questo problema c'è un dato sovrabbondante: le 11 pagine di sport! Per risolvere il problema si deve andare col buon senso, ma ci si può anche affidare ad un conteggio elementare deducendo che il foglio «20 e 45» è seguito dal foglio «18 e 47» e poi dai fogli «16 e 49», «14 e 51», ... fino a «2 e 63». Scoprire che sul retro di quest'ultimo foglio ci sono le pagine 1 e 64 e che quindi il quotidiano ha 64 pagine.

Sempre a partire da osservazioni pratiche o da un disegno, si può scoprire che la somma dei due numeri di pagina disposti sulla stessa parte del foglio è costante e vale uno di più della somma del numero di pagine del quotidiano. In questo caso dunque:
$$20 + 45 - 1 = 64.$$

Oppure ancora si può osservare che ci sono 19 pagine che precedono la pagina 20 e, di conseguenza, 19 pagine che seguono la pagina 45 e dunque che il numero totale delle pagine del quotidiano è
$$45 + 19 = 64.$$

2) **LE SCIMMIE.** Problema trappola, che potrebbe apparire come un problema del tre semplice/ tre composto, ma dove invece occorre usare la logica.
Se 5 scimmie mangiano 5 banane in 5 minuti, significa ovviamente che ogni scimmia impiega 5 minuti a mangiare la sua banana. Le 4 scimmie per mangiare ciascuna la propria banana impiegheranno dunque sempre 5 minuti!

3) **LA GARA.** La posizione di arrivo di Probabilix è dopo l'ottavo posto (perché altrimenti i partecipanti sarebbero meno di 15) e prima del decimo posto (perché è arrivato prima di Statix). Probabilix è quindi arrivato nono e i partecipanti sono 17.

4) **UNA LUNGA CODA.** Se ci sono 150 studenti e uno è al 90° posto, significa che ha 60 concorrenti dietro di lui. Stessa cosa vale se si contano le posizioni dall'ultimo posto: chi è alla posizione n.90 significa che ha 60 persone davanti a lui. Dunque se sottraiamo al totale quelli che stanno dietro Emanuele e quelli che stanno davanti a Michele è logico che restino i concorrenti compresi tra i due concorrenti (loro stessi inclusi):
$$N = 150 - 60 - 60 = 30 \text{ studenti.}$$

Se si vogliono escludere Emanuele e Michele è sufficiente levarli dal conteggio:
$$N' = 30 - 2 = 28.$$

5) **OROLOGIO DI CLASSE.** A parte il momento della partenza dal 12 la lancetta dei secondi supera quella dei minuti ogni minuto quindi basta calcolare il numero di minuti (70, dalle 12.00 alle 13.10) e togliere il numero delle ore cioè 1, quindi in tutto 69 volte.

6) **CANCELLA UNA CIFRA.** È intuitivo pensare che si debba considerare un numero della serie del 90. 99 però non va bene: termina con 9, il quale è 11 volte inferiore a 99. Il numero migliore, come è logico che sia, è 91: 1 è 91 volte inferiore a 91!

7) **FAMIGLIA NUMEROSA.** I fratelli di Marchino devono essere logicamente tutti nipoti di entrambe le nonne, quindi in particolare della sua nonna paterna che è quella che ha meno nipoti: pertanto i fratelli di Marchino possono essere al massimo 13, cioè 14 meno Marchino.

8) **FAMIGLIE NUMEROSE.** Ci sono i 4 fratelli e una sorella minore che tutti i fratelli hanno come sorella più giovane. In tutto dunque ci sono 5 figli.

9) LABORATORIO DI SCIENZE. Se alle 11.58 la provetta è piena per ¼, un minuto dopo sarà piena per ½ e un minuto dopo ancora sarà completamente piena!
Sono dunque le 12.00 e la soluzione da dare è 1200.

10) MAGO STRAMBELLO. Il problema è tipo logico-aritmetico-di-conteggio. La parte logica è data dalla periodicità di una successione, in questo caso quella dei giorni della settimana. Innanzitutto bisogna capire che il 3 maggio è domenica e che questo dato è fondamentale per la ricostruzione del calendario del mese che ha 31 giorni. Se ne deduce logicamente che le domeniche sono 5 (basta conteggiare 7 giorni a partire dal 3 maggio). Conteggiamo ora tutti i lunedì e giovedì (4+4=8) e quindi i martedì e i mercoledì (4+4=8) e infine i venerdì e i sabati, considerando in questo caso anche i giorni precedenti il 3 maggio (4+4+2 =10). Dunque i giorni in cui il mago veste di rosso sono:
$$8 + 10 = 18.$$
Nota: Si poteva arrivare al risultato anche sottraendo dal totale dei giorni la somma di: domeniche, lunedì e giovedì:
$$5 + 8 = 13 \rightarrow 31 - 13 = 18.$$

11) I PANETTONI. Il trucco sta nel sistemare i panettoni in gruppi di tre. Indichiamo con x il panettone cercato. Poniamo sulla bilancia due gruppi, se risultano in equilibrio allora x è nel gruppo non utilizzato, altrimenti è in quello del piatto più leggero. Una volta selezionato il gruppo di tre panettoni dove si trova x, si ripete questo ragionamento con i 3 singoli panettoni: se ne pesano due a caso: se sono in equilibrio allora x è il panettone rimasto fuori dalla bilancia, altrimenti è quello sul piatto più leggero.

12) LE BIGLIE INDISTINGUIBILI. Il problema richiede lo stesso ragionamento del problema precedente ("i panettoni") ma questa volta si parte dal fondo (il numero di pesate) e si deve risalire al numero di oggetti. Utilizzando lo stesso principio dei gruppi da tre, avendo a disposizione 2 sole pesate si sonno avere al massimo 3 gruppi da 3, quindi 9 biglie in tutto.

13) GATTE E GATTINI. Se ciascuna gatta non avesse più di tre gattini, il numero totale di gattini non supererebbe 15. Quindi almeno una gatta deve avere 4 gattini.

Nota: questo problema altro non è che una applicazione del Principio di Dirichlet per cui se un certo numero di oggetti è ripartito in k cassetti e se il numero totale di oggetti è strettamente maggiore di n·k, allora esiste almeno un cassetto contenente più di n oggetti.
(Si veda anche il problema successivo).

14) **LE CARAMELLE DI GIULIO.** Si può ragionare in maniera del tutto analoga al problema precedente ("Gatte e gattini"): se Giulio avesse mangiato non più di 4 caramelle per tipo allora avrebbe mangiato, al più, 12 caramelle. Quindi n = 5.

15) **INTERROGAZIONE.** Dal totale degli studenti bisogna togliere quanti sono stati interrogati di Matematica *o* di Italiano, ma senza conteggiare 2 volte quelli che sono stati interrogati di *entrambe* le materie. Dunque occorre fare:
$$28 - (12 + 8 - 7) = 15.$$

16) **FURTI DI POKEMATH.** Il problema si basa sulle congiunzioni logiche *e*, *o* e loro negazioni. Si ha pertanto:
$$640 - 30 = 610 \text{ Pokemath di tipo erba } o \text{ veleno};$$
$$350 + 480 = 830 \text{ Pokemath totali, di tipo erba + veleno};$$
$$830 - 610 = 220 \text{ Pokemath di entrambi i tipi (erba } e \text{ veleno)}.$$
La soluzione da dare è dunque 220.

17) **QUADRATI SOVRAPPOSTI.** Diverse procedure possono essere pensate per determinare l'ordine con cui i quadrati sono stati sistemati, sia partendo dal primo quadrato posto (metodo «crescente»), sia partendo dall'ultimo posto (metodo «decrescente»).

Con il metodo crescente, per tentativi successivi, trovare il primo quadrato e procedere nello stesso modo per i quadrati successivi può tuttavia essere piuttosto lungo, seppure la richiesta del problema si limiti a chiedere solo i primi 4 quadrati della sequenza, dunque ci si potrebbe fermare anche prima di aver ricostruito tutto l'intero ordine.

Appare tuttavia più logico il metodo a ritroso decrescente:
Il quadrato E è il primo da togliere perché lo si vede interamente. Poi va tolto il quadrato A perché appare intero quando si toglie E. Le successive relazioni parziali nella seriazione sono le seguenti: G è su F (altrimenti le caselle G che si vedono sarebbero coperte da F che si trova al bordo!), H è su D (altrimenti le caselle H visibili sarebbero ricoperta da D, per lo stesso motivo di prima), C è su B, (altrimenti le caselle C sarebbero ricoperte da B). Si sono così determinati i primi e l'ultimo della sequenza, per posizionare correttamente alcuni intermedi si deve osservare che D è su C, mentre F è su H. Da cui l'ordine seguente per incollare i quadrati:
$$B\text{-}C\text{-}D\text{-}H\text{-}F\text{-}G\text{-}A\text{-}E$$
che porta alla soluzione BCDH = 2348.

18) IN PORTINERIA. Seguendo il principio di non contraddizione, si possono fare delle ipotesi.

Supponiamo che A menta, allora B dice il vero, allora C mente e dunque D dice il vero. Ma se D dice il vero vi è una contraddizione, perché non sarebbe egli il solo che dice la verità (ci sarebbe già anche B!). L'ipotesi di partenza (A mente) è dunque da scartare.
Supponiamo allora che A dica il vero, allora B mente, allora C dice il vero, allora D mente. E, a questo punto, non può che mentire, perché abbiamo già trovato due persone che dicono il vero (A e C). E lo stesso dicasi per F.
La soluzione da dare è dunque 2.

19) DOLCI MENZOGNE. Osserviamo subito che Barbara e Carlo fanno affermazioni incompatibili, quindi a mentire deve essere uno di loro. Di conseguenza Andrea dice la verità, dunque Carlo e Barbara hanno in tutto 27 caramelle. Per capire chi tra Carlo e Barbara mente facciamo delle supposizioni:
   - Se Carlo dice il vero, allora ha 9 caramelle e Barbara ne ha 18. Non c'è contraddizione con quanto detto da Andrea.
   - Se Barbara dice il vero significa che la differenza tra le caramelle sue e quelle di Carlo è un numero pari, mentre la somma sarebbe dispari (secondo quanto dice Andrea). Ciò è impossibile perché se due numeri hanno differenza pari, hanno anche somma pari.

→ Carlo dice il vero, Barabara mente. Pertanto, seguendo ciò che dicono Andrea e Carlo le caramelle che ha Barbara sono 18.

20) GLI ABITANTI DI MATELANDIA. A deve per forza essere un furfante altrimenti sarebbe in contraddizione con sé stesso! (Solo un furfante può dire di sé stesso che è un furfante!)
Con B invece bisogna prestare più attenzione: se supponiamo che sia un furfante, allora la frase detta può essere negata in due modi: "tutti sono cavalieri", ma è impossibile perché sappiamo già che A è un furfante, oppure "nessuno è un cavaliere", dunque sono tutti furfanti, ma anche questo è impossibile, perché altrimenti la frase di A diverrebbe corretta, ma A è un furfante! Necessariamente allora B è un cavaliere, ed essendo la sua frase corretta, egli è l'unico cavaliere tra i tre e pertanto anche C è un furfante.
La risposta da dare è dunque F-C-F che corrisponde a 212.

21) INTORNO AD UN TAVOLO. Supponiamo che uno dei sette, A, sia un saggio. Allora anche uno dei suoi vicini (per esempio quello di destra, B) è un saggio il cui vicino di destra C è un mendace il quale, a sua volta, ha un saggio (D) alla sua destra. (Questo perché, essendo C mendace, deve avere o zero o due sinceri a suo fianco. Siccome ha già un sincero a suo fianco, B, allora anche D deve esserlo!). Andando avanti con la catena: E deve essere saggio, F mendace, G saggio. Abbiamo completato il giro, tornando ad A che dovrebbe avere alla sua sinistra un mendace e invece ha G che

è saggio! Ciò porta ad una contraddizione, dunque ciò significa che la frase pronunciata è falsa e che al tavolo sono sedute tutte persone mendaci. La risposta da dare è dunque 0.

22) INTORNO AD UN TAVOLO NUMEROSO. Si deve fare un ragionamento simile a quello del problema precedente ("Intorno ad un tavolo") ma generalizzando. Se il ciclo con cui sono sedute le persone è:

$$s\ s\ m\ s\ s\ m\ s\ s\ m\ ...$$

Il ciclo si ripete ogni tre persone, dunque se il numero di persone presenti non è divisibile per 3 si ha contraddizione (come nel problema precedente) altrimenti tutto funziona e i saggi presenti al tavolo sono i 2/3 del totale dei presenti. In questo caso 1998 è divisibile per tre, pertanto i saggi sono in tutto:
$$1998 : 3 \cdot 2 = 1332.$$

23) SINCERO E BUGIARDO. Mauro può fare tale affermazione o quando dice il vero e sta effettivamente lavorando (e ciò accade dalle 10 alle 12) oppure quando non sta lavorando e mente (e ciò accade dalle 17 alle 24). Dunque Mauro può dire tle frase per un tempo complessivo T pari a:
$$T = (12 - 10) + (24 - 17) = 9 \text{ ore}.$$

24) I TESTIMONI. Riepiloghiamo in tabella i dati forniti dai testimoni:

Età	Altezza
25	169
35	174
35	165

Siccome ci sono 6 dati e 3 testimoni, almeno 2 testimoni devono avere dato uno stesso dato, e in effetti è così: 35 è sicuramente l'età giusta. Dunque i due testimoni che hanno fornito l'età corretta non hanno fornito la giusta altezza, di conseguenza è il terzo testimone ad averla data corretta: è 169 cm.
Pertanto la risposta da dare è:
$$169 + 35 = 204.$$

25) LA TORRE DI HANOI. Avendo chiamato A, B, C i tre perni e 1, 2, 3 operando questi spostamenti si ottiene il trasferimento della torre minimizzando il numero di passaggi:

- 1: A → B
- 2: A → C
- 1: B → C
- 3: A → B
- 1: C → A
- 2: C → B
- 1: A → B

In tutto sono occorsi 7 passaggi.

Nota: Si può dimostrare che se gli anelli anziché 3 fossero *n*, allora occorrono $2^n - 1$ passaggi.

26) FINESTRE ILLUMINATE. Conviene iniziare dall'informazione contenuta nel sesto punto in quanto permette di segnare come accese tutte le finestre del terzo piano. Dal terzo punto segue che devono essere accese sia la prima finestra a sinistra del 1° piano che l'analoga del 5°. Da qui è possibile, utilizzando le varie informazioni, percorrere vie diverse per giungere alla soluzione. Per esempio: dal secondo punto (ci sono tre finestre illuminate anche al quarto piano) marcare come accese tutte le finestre del 4° piano ad eccezione della prima a sinistra che si sa già essere buia. Poi, dal quarto punto, si può concludere che le finestre non accese della prima colonna a destra restano buie e, dal primo punto, si deduce che si devono segnare accese le due finestre centrali del 1° piano.

Infine solo con la settima affermazione, che dice che il numero totale di finestre illuminate è 13, si arriva a stabilire che devono essere accese anche le due finestre centrali del 2° piano. Riepilogando con un disegno, si ottiene:

Pertanto la soluzione da dare è 0110.

27) **MERENDE AL PARCO.** In questo tipo di problemi una tecnica possibile può essere quella di costruirsi una tabella dove inserire man mano le informazioni che vengono fornite, fin tanto da non arrivare ad avere, o in maniera diretta, o per esclusione, tutti gli abbinamenti (o almeno quelli richiesti, in questo caso le età delle bambine).

Procediamo in questo modo a partire da questa tabella:

Bambina	C	G	S	V
Età				
Vestito				
Merenda				

Dalla seconda informazione si ha:

Bambina	C	G	S	V
Età	≠5			
Vestito	r			
Merenda	≠fr			

La terza e quarta informazione sembrano complicate, ma in realtà danno varie informazioni, in particolare sulle età (ma non solo). Se ad esempio Tizio ha una sorella maggiore, significa che Tizio non può avere l'età più alta e così via. Dunque si ha:

Bambina	C	G	S	V
Età	≠5	≠5	≠5	≠8
Vestito	r	≠a		
Merenda	≠fr		≠me	≠me

Da questo si desume già che Valentina deve essere la più piccola, con età pari a 5. Di conseguenza (informazione 3) Sara non può avere nemmeno 6 anni perché non mangia la merendina. Dunque ad avere 6 anni è o Chiara o Giulia, ma tra queste può essere solo Chiara per via dell'informazione 4 e del fatto che Chiara ha già il vestito rosa! Pertanto la situazione è la seguente:

Bambina	C	G	S	V
Età	6	≠5	≠5	5
Vestito	r	≠a	a	
Merenda	≠fr		≠me	≠me

A questo punto possiamo inserire ancora ulteriori deduzioni: Chiara mangia la merendina (è la sorella di Valentina ed è più piccola di Sara!) e siccome Sara indossa la maglietta azzurra significa che è Giulia la più grande (e dunque a magiare la frutta è Valentina).

Bambina	C	G	S	V
Età	6	8	7	5
Vestito	r		a	
Merenda	me			fr

Il problema è a questo punto concluso, anche senza aver utilizzato la prima informazione (la quale serve solo a completare la tabella, deducendo che sia Giulia la bambina in viola che mangia il panino). La soluzione risulta dunque essere 6875.

28) IL MAZZO DI FIORI. Occorre decomporre 15 in una somma di quattro numeri naturali tutti diversi tra loro, di cui uno deve essere 4. Inoltre, secondo le condizioni date, la somma di uno di tali numeri con uno degli altri tre è 6 oppure 7 a seconda del tipo di fiori. Si può provare ad andare per logica e tentativi organizzati, ad esempio in questo modo: partendo dalla terza condizione, elencare tutte le possibili coppie di numeri la cui somma è 6 (margherite e tulipani). Successivamente, seguendo la quarta condizione, trovare il numero dei fiordalisi. Poi, in base alla prima condizione, inserire il numero 4 nelle quaterne in cui non è presente. Infine, verificare che la somma dei quattro numeri trovati sia 15 e che non ci siano numeri ripetuti.

Può essere utile usare una tabella:

Tulipani	Margherite	Fiordalisi	Rose	TOTALE
4	2	3	6	15
2	4	5	4	15
3	3	4	5	15
1	5	6	4	16
5	1	2	4	12

L'unica combinazione che soddisfa tutte le condizioni è quella riportata nella prima riga della tabella. Dunque la soluzione da dare (il numero delle rose) è 6.

29) LA COMBINAZIONE. Occorre comprendere il criterio con cui sono scritti la maggior parte dei numeri per poter individuare gli "intrusi". È facile accorgersi che compaiono molti numeri che terminano per 5 (5 - 15 - 25 - 35 - 45) e altri che terminano con 8 (8 - 18 - 28 - 38). Dunque gli intrusi sono, nell'ordine, 21 e 42.
La soluzione da dare è dunque 2142.

30) LA SUCCESSIONE. A parte i primi due termini, si può notare che la successione è periodica di passo paria a 3, si ripete infatti questa catena:

$$0, 0, n.$$

Se si aggiungesse uno zero iniziale allora anche i primi due termini rientrerebbero in questo schema. Se viene chiesto il termine di posto N si può allora pensare a quello di posto N+1 avendo aggiunto questo zero iniziale. Effettuando la divisione di N+1 per 3 e andando a vedere il resto si comprende se il temine cercato è 0, oppure n. (Se il resto è zero allora vale n, altrimenti vale 0).
In questo caso si vuole il termine N = 100, pertanto:
$$(100 + 1) : 3 = 33 \text{ resto } 2.$$
La soluzione da dare è dunque 0.

31) IL CODICE. Si tratta di un codice a salto, ove occorre prendere una lettera ogni due.
Così facendo si forma la parola: MILLESETTECENTOVENTUNO.
La soluzione da dare è dunque 1721.

Osservazione: Il professore dice a Pico che non sarà in grado di scoprire il codice in quanto i PC sono molto bravi a decrittare i codici per sostituzione, ma difficilmente sono programmati per quelli a salto dove invece l'intelligenza umana può arrivare con molta più facilità alla soluzione analizzando il codice nel suo complesso!

32) MESSAGGIO IN CODICE DA LOGICIX. Conviene riscrivere l'operazione in codice in colonna:

$$\begin{array}{r} A\,B\,+ \\ B\,C\,+ \\ C\,A\,= \\ \hline A\,B\,C \end{array}$$

Così facendo questo problema di logica e crittografia diviene un problema aritmetico, da risolvere a tentativi ragionati. Ad esempio in questo modo: si esclude subito la cifra 0 per tutte e tre le lettere in quanto nessun numero può iniziare con 0. A, essendo la prima cifra del risultato, è il frutto di un riporto e può valere soltanto o 1 o 2. Per il fatto che compare come cifra delle decine del primo numero, se anche B e C valessero 9 e 8, A non può arrivare a 2 (9+8+2=19), dunque necessariamente A = 1.

$$\begin{array}{r}1\,B\,+\\B\,C\,+\\C\,1\,=\\\hline 1\,B\,C\end{array}$$

B e C devono essere tali che sommati tra loro e aggiungendo ancora 1 si ottenga un numero a due cifre che termini con C. Ciò significa che B+1=10 (sicché sommando una qualunque cifra si ottiene ancora un numero che termina per quella cifra!) e dunque B=9.

$$\begin{array}{r}1\,9\,+\\9\,C\,+\\C\,1\,=\\\hline 1\,9\,C\end{array}$$

A questo punto è facile individuare anche l'ultima cifra, ed è C=8.

Soluzione alternativa: utilizzando l'algebra, riscrivere la somma data con la scomposizione polinomiale, ossia in questo modo:
$$10A + B + 10B + C + 10C + A = 100A + 10B + C$$
$$\rightarrow 89A = 10\,C + B$$
Da cui si ricava, con un po' di logica:
$$A = 1;\ B = 9;\ C = 8.$$

33) LA COMBINAZIONE AUTOREFERENZIALE. L'unico numero avente le caratteristiche richieste è 42101000.
La soluzione da dare è dunque 4210.

34) UNA SEQUENZA LUNGA. Problema misto di logica e aritmetica. Iniziando a calcolare qualche termine della sequenza per capire come vanno le cose si ha:
$$3 - 12 - 156 - 24492 - \ldots$$

Per sapere come proseguono i termini successivi non stiamo a calcolare il quadrato dell'intero numero, ma solo quello delle ultime due cifre, perché sono solo quelle che ci interessano:
$$(244)92 - (85)56 - (31)92 - \ldots$$
Pertanto come ultime due cifre si alternano sempre 56 e 92! In particolare, i termini di posto dispari (il 3°, il 5°, …) terminano con 56, quelli di posto pari con 92. Essendo i termini della sequenza 2010, la risposta da dare è 92.

35) LA LOTTERIA DELLA FIERA DEL GIOCO. Per risolvere questo problema occorre comprendere la logica con cui devono essere disposti i numeri per essere vincenti: devono trovarsi tutti in diagonale tra loro. Oltre alle due diagonali principali del quadrato si possono prendere diverse altre cinquine di numeri in diagonale, completando ogni volta le diagonali con i numeri delle righe/colonne mancanti. Elenchiamo tutte le possibili cinquine e da ognuna prendiamo il numero più alto (la vincita):

      1-17-25-21-9 → 25
      16-24-22-10-5 → 24
      15-23-11-4-6 → 23
      14-12-3-19-7 → 19
      13-2-18-20-8 → 20
      13-23-25-19-5 → 25
      12-22-20-6-1 → 22
      11-21-7-16-2 → 21
      10-8-15-17-3 → 17
      9-14-24-18-4 → 24

1	2	3	4	5
16	17	18	19	6
15	24	25	20	7
14	23	22	21	8
13	12	11	10	9

La più piccola vincita è dunque pari a 17.

36) LA GRIGLIA. La cosa più logica da fare è inserire nella cella che appartiene alla prima riga e alla prima colonna il numero 1. Il numero cercato deve essere il prodotto di 5 numeri primi (che possono anche ripetersi, ma non del tutto, altrimenti i prodotti di gruppi di questi fattori non possono essere tutti distinti): in particolare i fattori che si distribuiscono sulla prima riga dovranno essere distinti da quelli che si distribuiscono sulla prima colonna. Aiutandosi con la scomposizione in fattori primi, si può vedere che il più piccolo numero che contiene fattori di questo tipo è:
$$2^3 \cdot 3^2 = 72.$$

Nota: Un altro modo di procedere può essere quello a tentativi (conviene sempre partire dal n. 1 nella prima casella) e con un po' di logica. Il modo corretto di completare la griglia risulta allora il seguente:

1	2	4	8
3	6	12	24
9	18	36	72

37) I TESTS DI MARIE. Procedendo per tentativi e osservando come si possono combinare tra loro i numeri a disposizione, la soluzione, unica, risulta essere la seguente:

	80	59	122	54
103	50	**2**	**50**	1
10	**5**	2	2	**1**
62	**5**	5	50	**2**
140	20	**50**	**20**	50

La soluzione da dare è dunque data dalla somma dei numeri sulle diagonali, pari a:
20 + 5 + 2 + 1 + 50 + 2 + 50 + 50 = 180.

38) NON CI CAPISCE UN'ACCA. Lo schema si può riempire a tentativi oppure utilizzare un po' di ragionamento logico accompagnato da considerazioni aritmetiche.
Nominiamo le caselle dello schema nel seguente modo:

A		E
B	D	F
C		G

La condizione richiesta si esprime allora in questo modo:
$$A \cdot B \cdot C = B \cdot D \cdot F = E \cdot F \cdot G$$
Considerazioni:
- Dalla condizione sopra espressa si può dedurre che nessuna delle lettere può assumere i valori 5 e 7 in quanto 5 e 7 non hanno multipli minori di 10 e non sono multipli di nessun altro numero (non potrebbero comparire in tre prodotti differenti, al massimo potrebbero comparire in due prodotti grazie alla lettera dell'incrocio!).
- Il 9 ($=3^2$) va accoppiato per forza con il 3 e il 6 (affinché nei due prodotti compaia complessivamente un 3^2).
- L'8 può essere accoppiato o a $4 \cdot 2$ o a $6 \cdot 4$ (questo affinché compaia in entrambi i prodotti un 2^3).
- Scomponendo in fattori primi i numeri a disposizione (togliendo il 5 e il 7 per la considerazione cui sopra) si osserva che i fattori a disposizione sono:
$$\left.\begin{array}{l}\text{fattore 2: 7 volte}\\ \text{fattore 3: 4 volte}\end{array}\right\} + 2 \text{ numeri ripetuti.}$$
(I numeri ripetuti sono le lettere agli incroci, le quali possono contenere anche più fattori!)

Utilizzando queste considerazioni e, come si diceva inizialmente, un po' di logica e qualche tentativo si possono trovare tre prodotti tra loro equivalenti:

$$1° \text{ prodotto: } 2 \cdot 2 \cdot 2 \cdot 3 \cdot 3 = 8 \cdot 9 \cdot 1;$$
$$2° \text{ prodotto: } 2 \cdot 2 \cdot 2 \cdot 3 \cdot 3 = 9 \cdot 2 \cdot 4;$$
$$3° \text{ prodotto: } 2 \cdot 2 \cdot 2 \cdot 3 \cdot 3 = 6 \cdot 4 \cdot 3.$$

Dunque i numeri agli incroci sono:
$$B = 9; \ C = 4.$$
Di conseguenza lo schema risulta così completato:

	8		6
	9	2	4
	1		3

Pertanto la soluzione cercata è 1368.

39) **LA GRIGLIA.** Per rispondere non occorre completare la griglia, o parte di essa, seguendo con logica le indicazioni fornite. Basta invece fare delle considerazioni sui numeri da inserire: ad esempio, se si parte dalla riga i cui numeri devono dare per somma 6, si ottiene che la prima casella (da sinistra) può ospitare solo i numeri 1 o 3; passando ora alla colonna che contiene la casella con il punto di domanda, la somma dei due numeri dispari ospitati non può essere inferiore a 12 (infatti i numeri pari più alti 8, 6, 4 sommati danno 18): ne segue che per la prima casella della riga di cui sopra va scelto 3, e dunque che il numero cercato è 9.

Nota strategica: in questo problema le soluzioni possibili sono solo 9, dunque se dopo qualche ragionamento si fosse in dubbio tra un paio di soluzioni, potrebbe valere la pena tentarle entrambe!

40) **LA GRIGLIA MAGICA.** Si procede per tentativi. Si possono tenere presenti alcune proprietà aritmetiche, ad esempio il fatto che:
   pari · pari = pari;
   pari · dispari = pari;
   dispari · dispari = dispari.

Dunque l'unica colonna che ha tutti fattori dispari è quella che dà 27, quindi b, e, h sono dispari.
Un'altra osservazione può nascere dai due numeri (40, 270) che terminano con 0: sono gli unici divisibili per 5, dunque $g=5$.
In definitiva si ottiene:
$$a = 4;\ b = 3;\ c = 7;$$
$$d = 2;\ e = 1;\ f = 8;$$
$$g = 5;\ h = 9;\ i = 6.$$
Il prodotto richiesto risulta essere:
$$a \cdot c \cdot e \cdot g \cdot i = 4 \cdot 7 \cdot 1 \cdot 5 \cdot 6 = 840.$$

41) **LA GRIGLIA 3·3.** Procediamo a tentativi ma guidati dalla logica (e dal buon senso!). Volendo infatti avere la somma più bassa possibile, incominciamo a mettere tutti 1 sulla prima riga (somma = 3) e altri due 1 nei primi posti della seconda riga e osserviamo che l'aggiunta di qualunque altro 1 porterebbe a righe o colonne con somme uguali; completiamo la prima colonna con un 2 (somma = 4), la seconda riga con un 3 (somma = 5) e la seconda colonna con un 4 (somma = 6); l'ultimo elemento da aggiungere non può essere 2 che darebbe somme della riga e colonna mancante rispettivamente 8 e 6, quindi aggiungiamo 3.

Ecco dunque la tabella che risulta (è una delle possibili che soddisfa le richieste) con indicate le somme (anche le altre possibili scelte portano alla stessa somma finale).

1	1	1	3
1	1	3	5
2	4	3	9
4	6	7	17

La soluzione da dare è dunque 17.

42) **LA GRIGLIA QUADRATA.** Le caselle della griglia sono in tutto 36. La condizione più facile affinché tutte le righe e tutte le colonne diano lo stesso risultato è che vi sia in tutte le 36 caselle lo stesso numero. Ma ciò è escluso dal testo: vi sono almeno m valori diversi. Il minimo valore di m porta al massimo valore di n (caselle tutte uguali fra loro). Se si vuole variare qualcuna delle celle mantenendo le somme delle righe e delle colonne costanti occorre prendere queste caselle in maniera simmetrica. La scelta più immediata è quella di prendere le quattro caselle d'angolo. Pertanto:
$$m = 4 \rightarrow n = 36 - 4 = 32.$$

43) **LE MONTAGNE FLUTTUANTI.** Andando per tentativi e con logica, la soluzione, unica, è la seguente:

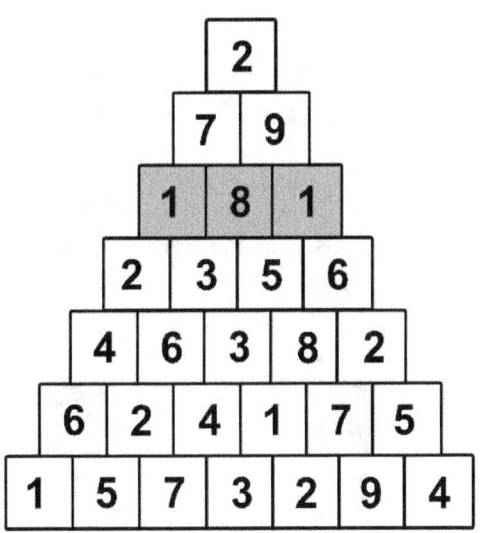

La soluzione da dare è dunque 6241.

44) **TRIANGOLI E TRIANGOLINI.** Si tratta di un problema di configurazioni, in cui la formula che restituisce il numero N di triangolini in funzione della configurazione n è, in questo caso molto semplice:
$$N = n^2.$$
Dunque nella tredicesima figura (n=13) ci saranno
$$N = 13^2 = 169 \text{ triangoli.}$$
Avendo tutti i tringolini area unitaria, 169 è anche l'area del triangolo della figura n 13.

45) **I NUMERI "DIAMANTI".** Problema di configurazioni che utilizza i numeri anziché le figure geometriche, ma la sostanza non cambia: occorre trovare la regola che restituisce la somma S del diamante in funzione della configurazione n. In questo caso essa è:
$$S = n^3.$$
(Infatti $n = 1 \rightarrow 1^3 = 1$; $n = 2 \rightarrow 2^3 = 8$; $n = 3 \rightarrow 3^3 = 27$; ...)
Dunque il 12° diamante ha come somma:
$$S_{12} = 12^3 = 1728.$$

46) **UN ALBERO SAPIENTE.** Si tratta di un problema di configurazioni, in cui la formula che restituisce il numero di cerchi (fiori) in funzione della configurazione n è, in questo caso:
$$C = n^2 + 1.$$
Per $n = 0$ si ha $C = 1$;
per $n = 1$ si ha $C = 2$;
per $n = 3$ si ha $C = 10$;
e dunque per $n = 20$, $C = 401$.

47) **I PAVIMENTI DELLA PALESTRA.** Per risolvere il problema occorre trovare una regola. Molti cercano di capire con quale criterio si passa da una figura alla successiva; in questo caso si ha questa situazione:

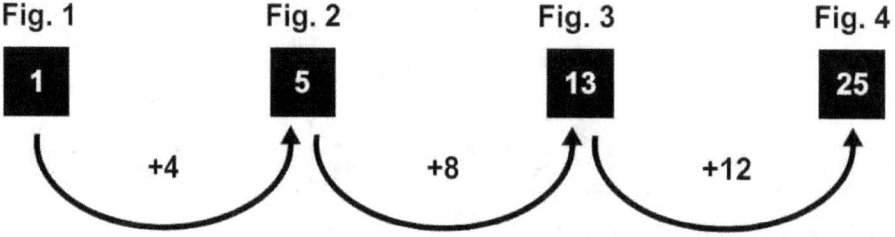

La regola che emerge da questo schema (si aumenta ogni volta di una quantità che va secondo i multipli di 4) è tuttavia molto scomoda, in quanto viene chiesta la quindicesima figura.

Può essere allora più facile la strada per cui occorre trovare una regola che restituisca il numero di quadrati neri in funzione del numero della figura. Ponendo
$$n = \text{n° figura}$$
si trova che il numero dei quadrati neri N è:
$$N = n^2 + (n-1)^2.$$
O, in modo del tutto equivalente:
$$N = 2n^2 - 2n + 1 = 2(n^2 - n) + 1.$$

Imponendo $n = 15$ si ha:
$$N = 2(15^2 - 15) + 1 = 421.$$

48) I TIMBRI NERI. Occorre organizzare l'inventario delle diverse disposizioni di due caselle, a meno di rotazioni, su una griglia quadrata di nove caselle.
Tra i "timbri" dati da testo si osserva che ci sono tre timbri uguali (seconda, terza e quarta figura) e che pure altri due timbri sono uguali (la prima e l'ultima figura, che si possono sovrapporre mediante una rotazione di mezzo giro) mentre il quarto timbro da sinistra rimane da solo, in quanto è ribaltato rispetto agli altri due e quindi è diverso. Pertanto i timbri dati dal testo, sono, nell'ordine, quelli di Jojo, Rackham, Rackham, Dédé, Rackam, Jojo.
Le possibili altre disposizioni di 2 caselle nere su una griglia 3 · 3 sono tutte e sole le seguenti:

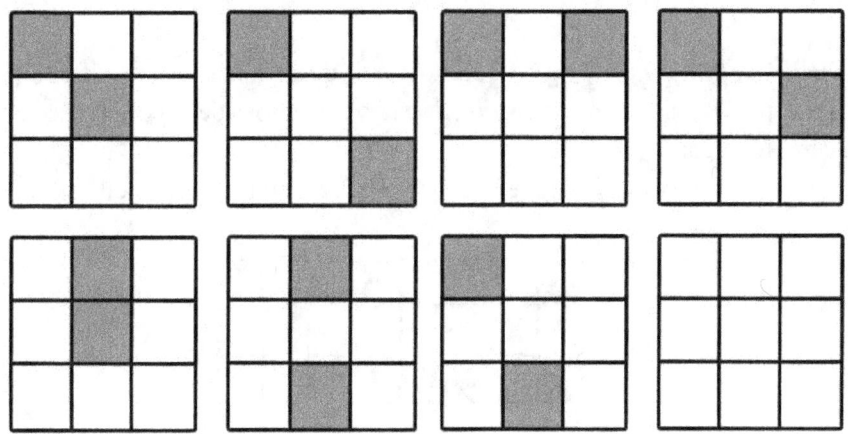

I timbri differenti che si possono realizzare sono dunque in tutto 10, dunque la banda può essere formata, al massimo, da 10 elementi.

49) I FIAMMIFERI. Occorre comprendere come minimizzare il numero di fiammiferi da aggiungere. Facendo un paio di prove ci si accorge che conviene formare una struttura quadrata o rettangolare: così facendo si vengono ad aggiungere solo 3 o 2 fiammiferi a quelli già disposti sul tavolo. In particolare: si aggiungono solo 2 fiammiferi quando si va a formare un quadrato di una riga o colonna non ancora terminate, se ne devono aggiungere 3 quando si inizia una nuova riga o colonna.

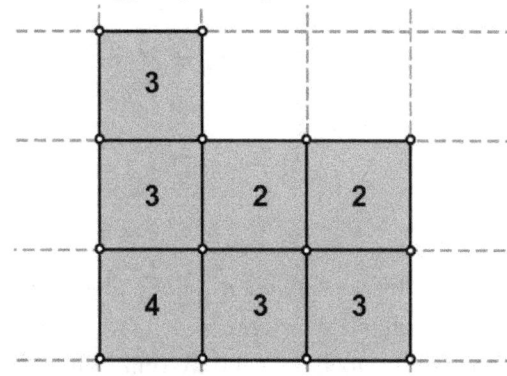

Il numero 30 si può formare con un rettangolo 6 · 5, dunque si ha questa situazione:
- Un quadrato iniziale (ad esempio angolo in basso a sinistra): 4 fiammiferi;
- 5 quadrati di inizio riga + 4 quadrati di inizio colonna: 3 fiammiferi → 9 · 3 = 27;
- 30 - 10 = 20 quadrati centrali: 2 fiammiferi → 20 · 2 = 40 fiammiferi.

I fiammiferi necessari sono dunque:
$$N = 4 + 27 + 40 = 71 \text{ fiammiferi.}$$

50) LA SCACCHIERA. Questo è un tipico quesito per il quale non è molto difficile ipotizzare quale possa essere la risposta corretta, mentre la giustificazione rigorosa della correttezza, che qui forniamo, richiede un certo impegno.

In figura viene esibita una disposizione accettabile di 21 pedine (le caselle occupate sono quelle grigie).

Non è possibile disporne di più. Infatti osserviamo che:
a) per poter passare da ogni casella libera ad un'altra è cruciale avere un "sufficiente" numero di lati di caselle libere da poter attraversare, che chiameremo lati di "collegamento". Se le caselle libere sono N, ne servono almeno $N - 1$: nel caso di 21 caselle occupate (e quindi $64 - 21 = 43$ libere) servono almeno $43 - 1 = 42$ lati di "collegamento". Nella configurazione proposta, i lati di "collegamento" sono addirittura 44, poiché su ciascuna delle due caselle indicate con la lettera X si può arrivare da due caselle diverse;

b) i lati di "collegamento" sono i lati delle caselle libere non appartenenti al bordo della scacchiera né in comune con caselle occupate: per massimizzarli conviene occupare le caselle sui bordi in modo da non sprecare lati di "collegamento";

c) il massimo numero di caselle sui bordi che possono essere occupate, stante il vincolo di non essere adiacenti, è 12: dei $7 \cdot 8 \cdot 2$ lati che non giacciono sul bordo della scacchiera queste caselle ne assorbono almeno $3 \cdot 8 + 2 \cdot 4 = 32$: restano quindi al massimo 80 lati e ogni casella non sul bordo che si va ad occupare con una pedina rimuove 4 lati dal numero dei possibili lati di "collegamento";

d) in particolare, se si sistemano nelle caselle interne 9 pedine, si lasciano liberi al massimo 44 lati di "collegamento"; se ne venisse inserita una in più, ne resterebbero 40; ma in questo caso le caselle libere sarebbero 42 e sarebbero necessari 41 lati di "collegamento" per poter raggiungere tutte le caselle.

Quindi non è possibile inserire nelle caselle interne 10 pedine ed avere complessivamente 22 pedine sulla scacchiera. La soluzione da dare è dunque 21.

NUOVI 20

1) **LE BIGLIE DI ARTURO.** Il problema è molto banale se si procede deduttivamente figura per figura, dal momento stesso in cui tutte le scatole dello stesso tipo hanno lo stesso numero di biglie. Si ha pertanto:
   - dalla prima figura: ogni scatola bianca contiene 6 biglie;
   - dalla seconda figura, per sottrazione: ogni scatola nera contiene 4 biglie;

   → Il numero totale di biglie nella terza figura è dunque pari a $6 \cdot 5 + 4 = 34$.

2) **I QUADRI.** Occorre procedere a tentativi ragionati. Un modo possibile di farlo è il seguente:

   Partendo dalla seconda consegna, ci sono quattro configurazioni possibili per sole e stella:

   sole, ___ , ___ , stella, ___
   stella, ___ , ___ , sole, ___
   ___ , sole, ___ , ___ , stella
   ___ , stella, ___ , ___ , sole.

   La terza consegna, secondo la quale la nuvola è a destra della stella, riduce le configurazioni possibili a tre:

   sole, ___ , ___ , stella, nuvola
   stella, nuvola , ___ , sole, ___
   ___ , stella, nuvola, ___ , sole.

   La prima consegna sulla posizione della luna esclude un'altra configurazione, ne restano solo due:

   sole, ___ , ___ , stella, nuvola
   stella, nuvola, ___ , sole, ___ .

   La quarta consegna sul fulmine e la luna conduce all'unica possibilità:

   sole, luna, fulmine, stella, nuvola.

   Tradotta con il codice numerico la soluzione diviene:
   1, 3, 4, 5, 2.

   La soluzione da dare è pertanto 1345.

3) **IN MAGNA GRECIA: IL VIAGGIO.** Conviene leggere tutte le informazioni date e provare a sistemarle su uno schema. La più facile da inserire è quella relativa al fatto che 4 non è ad una estremità, seguita da quella che tra 1 e 4 ci devono essere altre 2 città. Ciò porta a concludere che 1 deve essere ad una delle due estremità, ossia ad una di queste due possibili configurazioni:

   1 - _ - _ - 4 - _   oppure   _ - 4 - _ - _ - 1.

Bisogna ora piazzare la città 2, a est (cioè a destra) di 3 e con in mezzo una città. Per ognuna delle due configurazioni di cui sopra c'è una sola possibilità:

$$1 - \_ - 3 - 4 - 2 \qquad \text{oppure} \qquad 3 - 4 - 2 - \_ - 1.$$

Manca ancora l'informazione che 2 e 5 devono essere vicine. Con la prima configurazione ciò risulta impossibile, dunque va rigettata, la seconda risulta invece consistente. La disposizione delle città è dunque:

$$3 - 4 - 2 - 5 - 1.$$

La soluzione da dare (avendo solo quattro cifre), è dunque 3425.

4) **EXTRA-TERRESTRI.** Ci sono molti modi possibili di procedere. Ad esempio, si può partire dal fatto che ET1 non ha né coda né proboscide ma ha solo le antenne; inoltre, visto che né ET1 né ET5 hanno la proboscide e che ci sono tre proboscidi in tutto, allora si può dedurre che ET2, ET3 e ET4 hanno la proboscide. Resta da attribuire la seconda coda e la terza antenna: esse possono essere attribuite solo a ET5, altrimenti ci sarebbero più creature con le stesse caratteristiche. Riepilogando, si ottiene:
   - ET1 ha solo l'antenna;
   - ET2 ha antenna e proboscide;
   - ET3 ha proboscide e coda;
   - ET4 ha solo la proboscide;
   - ET5 ha antenna e coda.

Utilizzando il codice assegnato per le caratteristiche di ET4 (antenna, proboscide, coda) la soluzione da dare è dunque 010.

5) **I CENTO METRI.** Si possono adottare varie strategie, una può essere quella di procedere a ritroso, a partire dall'ultima informazione data dal cronista: l'atleta col pettorale n.5 non può stare in prima posizione (è preceduto da quello col n.2). Al contempo sappiamo dalle informazioni precedenti che al primo posto non ci può stare neanche l'atleta col pettorale n.1; il primo e l'ultimo arrivati hanno pettorale dispari, si deduce che quindi la gara è stata vinta dall'atleta col n.3 e che all'ultimo posto è arrivato quello con il n.1. A questo punto restano da collocare i rimanenti due con pettorale pari: il n.2 può stare in terza o quarta posizione, ma dovendo precedere l'atleta con il n.5 si deduce che è arrivato necessariamente al terzo posto. Per l'atleta con il n.4 resta una sola posizione possibile: il secondo posto. L'ordine di arrivo, pertanto, è:

$$3, 4, 2, 5, 1.$$

Si può verificare che, effettivamente, nessuno degli atleti è arrivato nella posizione corrispondente al numero del proprio pettorale. La soluzione da dare è quindi 3425.

6) I RAGAZZI E LA HOSTESS. Si può ragionare con una rappresentazione grafica con i diagrammi di Eulero-Venn, collocando senza problemi i primi 14 ragazzi relativi alle prime 3 informazioni assegnate, in questo modo:

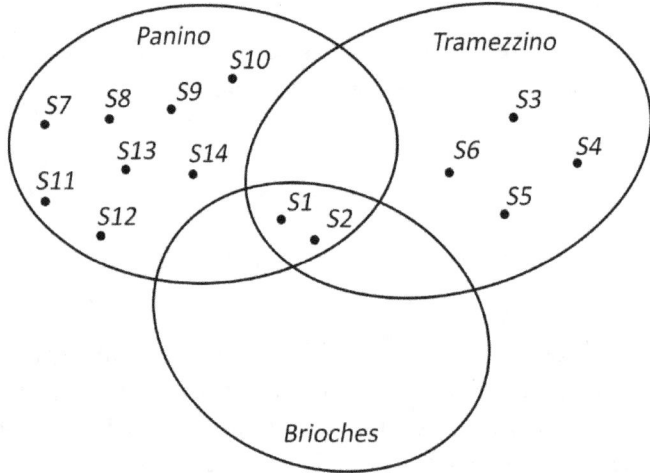

Restano da collocare i 7 ragazzi che hanno mangiato brioches. Siccome non viene detto "soltanto brioches" essi non possono essere collocati con certezza. Sappiamo tuttavia che ci sono già 2 ragazzi che hanno mangiato brioches (i due che hanno mangiato anche panino e tramezzino), dunque restano fuori dal conteggio 5 ragazzi che possono essere collocati nella regione di intersezione tra brioches e panino e/o in quella tra brioches e tramezzino e/o in quella solo brioches. Comunque stiano le cose, si deduce che i ragazzi presenti sono in tutto 14+5=19.

7) EULERO. Si può ragionare con una rappresentazione grafica con i diagrammi di Eulero-Venn (visto che il problema è dedicato proprio a uno degli inventori di queste rappresentazioni degli insiemi!)

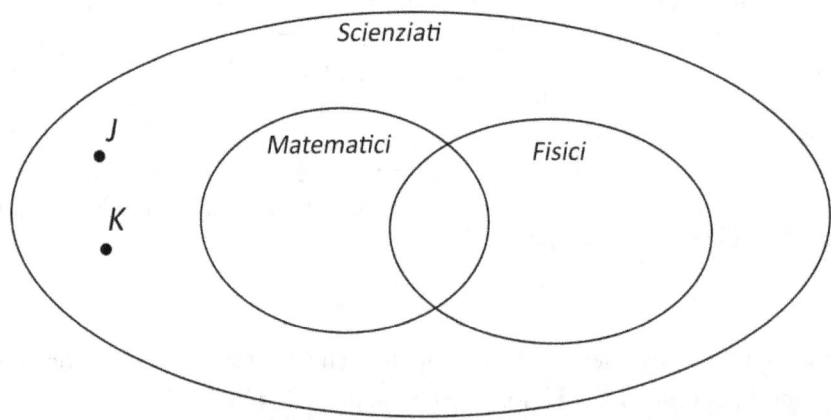

Dai 35 scienziati totali si possono subito togliere i 2 che non sono né matematici né fisici (J, K nella figura). Il risultato (33) dà la somma dei matematici e/o dei fisici (ossia dei due insiemi rappresentati, compresa l'intersezione comune). Per sapere il numero n di quanti sono sia fisici, sia matematici (ossia il numero di coloro che sono nell'intersezione) è sufficiente dunque sommare al numero dei matematici (25) quello dei fisici (18) e sottrarre il numero totale prima calcolato:

$$n = (25 + 18) - 33 = 10.$$

8) DE MORGAN. Visto che c'è solo una donna, la persona con i capelli neri non può essere lei, dunque la donna ha i capelli di colore o bianco o rosso, ma sappiamo pure che la donna non ha cognome Bianchi, dunque si chiama o Neri, o Rossi.

Proviamo con donna=Rossi: se così fosse i suoi capelli dovrebbero essere di colore bianco. Bianchi avrebbe dunque i capelli o neri o rossi. Ma Bianchi e la persona coi capelli neri sono due persone distinte, dunque bianchi dovrebbe avere i capelli di colore nero e, di conseguenza, la persona con i capelli di colore nero dovrebbe chiamarsi Neri. Ma ciò non è possibile, perché il colore dei capelli deve essere diverso dal cognome! L'ipotesi donna=Rossi è dunque errata.

Proviamo con donna=Neri: se così fosse ella potrebbe avere i capelli di colore o bianco o rosso. Visto che Bianchi non può avere i capelli né di colore bianco (per il suo cognome) né di colore nero (appartengono ad un'altra persona) deve averceli per forza di colore rosso. Dunque la signora Neri ce li dovrebbe avere di colore bianco. E infine la persona coi capelli di colore nero si dovrebbe chiamarsi Rossi. Non abbiamo trovato contraddizioni, dunque l'ipotesi è corretta.

Occorre infine presentare attenzione a come dare la soluzione senza confondersi. Sono richiesti i colori dei capelli di
Bianchi, Neri, Rossi, donna,
in questo esatto ordine. I colori sono dunque:
rosso, bianco, nero, bianco,
che corrispondono a questa sequenza numerica: 3121.

9) TURING. Si può ragionare in vari modi, uno può essere quello di procedere a ritroso, partendo dal risultato finale, ossia 139. Andando a ritroso il blocco D esegue l'operazione -1 :2 mentre il blocco P fa soltanto :2. Utilizziamo dunque il blocco D ogni volta che il numero è dispari, il blocco P quando è pari (se così non facessimo si otterrebbero numeri non interi!) Si ha dunque:

$$139 \xleftarrow{D} 69 \xleftarrow{D} 34 \xleftarrow{P} 17 \xleftarrow{D} 8 \xleftarrow{P} 4 \xleftarrow{P} 2 \xleftarrow{P} 1.$$

La risposta da dare è pari al numero *minimo* di blocchi utilizzati, ma in questo caso non c'è un numero minimo o un numero massimo, in quanto la soluzione è *unica*, pari a 7.

10) **NASH.** In questi giochi conviene solitamente partire dalle righe/colonne in cui compaiono più numeri. In questo caso si sono la prima riga, la terza colonna e la terza riga.

   ➤ Dalla prima riga si ottiene che: A+B = 34 – (12+7) = 15. → Visto che i numeri da inserire vanno da 1 a 16 ed escludendo le combinazioni che comprendono numeri già inseriti nel quadrato magico, le possibilità per A + B sono soltanto due: 13 + 2 oppure 9 + 6.

   ➤ Dalla terza colonna si ottiene che: A+G = 34 – (16+4) = 14. → Con lo stesso ragionamento di prima, le possibilità per A + G sono solamente queste due: 9 + 5; 8 + 6.

   ➤ Dalla terza riga si ottiene che: F+G = 34 – (11+10) = 13. → Con lo stesso ragionamento di prima, le possibilità per F + G si riducono a questa soltanto: 8 + 5.

   ➤ Dalle analisi precedenti, si deduce che si hanno queste due sole possibilità:
   a) F= 8; G = 5; A = 9; B = 6;
   b) F= 5; G = 8; A = 6; B = 9.

   Osservando la prima colonna, si osserva che nel caso dell'ipotesi b), con F=5 si otterrebbe C = 34 – (12+1+5) = 16, che non è possibile! (16 è già presente nel quadrato magico).

   Di conseguenza è corretta la possibilità a), che porta ad avere C = 34 – (12+1+8) = 13.

A questo punto il quadrato magico è quasi risolto:

12	7	9	6
13	D	16	E
8	11	5	10
1	H	4	K

Ora le possibilità di analisi sono molteplici, ad esempio:

   ➤ Dall'ultima colonna: E+K = 34 – (6+10) = 18. → L'unica possibilità è E=3, K=15 (il viceversa si nota subito che non è possibile per via dei numeri già presenti nella seconda riga).

Si deducono quindi rapidamente gli ultimi valori mancanti, che portano ad avere questa soluzione:

$$
\begin{array}{cccc}
12 & 7 & 9 & 6 \\
13 & 2 & 16 & 3 \\
8 & 11 & 5 & 10 \\
1 & 14 & 4 & 15
\end{array}
$$

La soluzione richiesta è $C \cdot D + E$, e dunque essa è:

$$13 \cdot 2 + 3 = 29.$$

11) LA PROVA D'INGRESSO. Si può, ovviamente, provare a completare l'intera griglia, tuttavia per il fatto che non è richiesto di dare come soluzione il contenuto di una specifica casella o di una serie di caselle, ma la somma di una intera zona della griglia, si può ragionare diversamente. E partire, ad esempio, dall'osservazione che l'unico numero che può essere inserito nel vertice rimasto libero è 5. Da ciò è facile determinare la somma S_p delle caselle che costituiscono il perimetro. Essa è pari alla somma di ogni riga (1+2+3+4+5=15), tolti i 4 numeri d'angolo che altrimenti sarebbero conteggiati due volte:

$$S_p = 15 \cdot 4 - (1 + 2 + 4 + 5) = 48.$$

A questo punto è facile ottenere la somma cercata, per semplice differenza:

$$S_{grigia} = 15 \cdot 5 - 48 = 27.$$

12) SHIKAKU. Per risolvere lo schema conviene partire dalla casella segnata con il n.1 (un rettangolo già definito) e che al n.11 in basso deve per forza corrispondere un rettangolo $1 \cdot 11$ in orizzontale. In generale, tutti i numeri dispari corrispondono per forza a rettangoli con un lato pari a 1 oppure, se il numero lo consente, con entrambi i lati dispari (ad esempio il n.9 può essere un quadrato $3 \cdot 3$, il n.15 un rettangolo $3 \cdot 5$). Conseguentemente al rettangolo da 11 in basso, viene il rettangolo $2 \cdot 4$ in basso a sinistra (n.8) e così via, fino ad ottenere questa soluzione:

4 rettangoli confinano con il rettangolo da 11 in basso, mentre con quello in alto ne confinano ben 8. La soluzione da dare è pertanto 48.

13) **GITA A MATELANDIA.** Non è immediato capire la regola con la quale è stata costruita questa sequenza. La regola è la seguente: si raddoppia il numero precedente e si aggiunge un incremento che aumenta di uno man mano che si procede:

$$1 \xrightarrow{\cdot 2+1} 3 \xrightarrow{\cdot 2+2} 8 \xrightarrow{\cdot 2+3} 19 \xrightarrow{\cdot 2+4} 42 \to \ldots$$

Trovata la regola, è facile ora determinare il numero successivo. Esso è:

$$375 \xrightarrow{\cdot 2+8} 758.$$

14) **SCALE.** Si può immediatamente constatare che ad ogni figura vengono aggiunti tre quadrati neri in più. Il numero di quadrati Q in funzione del numero della figura n è pertanto:

Per n = 1 si ha Q = 9;
per n = 2 si ha Q = 12;
per n = 3 si ha Q = 15.

Il numero dei quadrati Q forma una progressione aritmetica di ragione 3, progressione che contiene tutti i multipli di 3 esclusi 3 e 6 (dunque bisognerà togliere 9). Si può dunque utilizzare la formula

delle progressioni aritmetiche (se la si conosce) oppure calcolare a ritroso il numero *n* della figura che ha 210 quadrati in questo modo:
$$n = (210 - 9) : 3 + 1 = 68.$$
(Nota: si è aggiunto 1 al conto in quanto la numerazione delle figure non parte da zero bensì da 1!)

Soluzione alternativa: questo problema può essere trattato come un problema sulle configurazioni, in cui però occorre ricavare (con una formula inversa, ossia risolvendo una piccola equazione) il numero n della configurazione conoscendo il numero Q di suoi elementi. Per prima cosa occorre però trovare la formula che unisce Q ad n. Essa risulta essere:
$$Q = 3n + 6.$$
Imponendo ora Q=210 si trova che *n* deve valere 68.

15) SEMPRE PIÙ GRANDI! Questo problema unisce competenze geometriche a competenze logico-algebriche e può essere affrontato in diversi modi. Per prima cosa bisogna analizzare come calcolare correttamente le aree (nera e bianca) e come esse varino al crescere del numero *n* della figura. Si può facilmente scoprire che, per ogni figura, la differenza ΔA tra le due aree (nera – bianca) è dovuta solamente ai bordi neri esterni, visto che le parti bianche e nere della scacchiera sono equivalenti. Essa risulta:

- Per *n* = 1 $\Delta A = 4$;
- Per *n* = 2 $\Delta A = 12$;
- Per *n* = 3 $\Delta A = 20$.

La differenza delle aree ΔA forma una progressione aritmetica di passo 8. Ragionando dunque su di ciò, si deve trovare il numero N per cui accada che:
$$4 + N \cdot 8 = 196.$$
Da cui si ottiene facilmente che N=24.
N non è però la soluzione da dare, in quanto la numerazione delle figure è partita da n=1 e non da n=0. Pertanto il numero da determinare è:
$$n = N + 1 = 24 + 1 = 25.$$

Soluzione alternativa: si può leggere questo problema come un problema di logica sulle configurazioni, ove determinare le formule che restituiscono le Aree in funzione del numero della configurazione. Andando a tentativi ragionati a partire dalle aree calcolate per le prime figure, si ha:

$$A_{bianca} = 2n^2 + 4;$$
$$A_{nera} = 2n^2 + 8n;$$
$$\Delta A = 8n - 4.$$

Imponendo ora ΔA=196 si può ricavare che:
$$n = 25.$$

16) **FURFANTI IN FILA.** Supponiamo che l'ultimo della fila sia un cavaliere. Se dunque dice il vero la persona dopo di lui è un furfante, il quale, siccome mente, accusa la persona davanti a lui (un cavaliere) di essere un furfante. Il cavaliere dice invece il vero e così via. Le persone, sotto l'ipotesi fatta, sarebbero dunque disposte in fila in sequenza alternata:
$$F\ C\ F\ C\ ...$$
fino al primo della fila che sarebbe dunque un cavaliere.

Se ora l'ipotesi di partenza fosse errata e l'ultimo della fila fosse un furfante, allora la sua affermazione sarebbe falsa e la persona dinanzi a lui sarebbe un cavaliere. Il cavaliere dice il ver e dunque davanti avrebbe un furfante e così via. La situazione sarebbe dunque invertita rispetto a prima:
$$C\ F\ C\ F\ ...$$
fino al primo della fila che sarebbe ora un furfante.

Entrambe le ipotesi reggono, non abbiamo elementi che ci facciano propendere per l'una o per l'altra; tuttavia ciò non importa ai fini della risposta, in quanto in entrambe le possibilità ci sarebbe metà delle persone in fila che sarebbe cavaliere e metà che sarebbe furfante. Dunque la risposta da dare è
$$420 : 2 = 210.$$

17) **ROBOT.** Supponiamo che il primo robot della fila sia un sincero e dica la verità, allora il secondo sarebbe un bugiardo e, come tale, la sua frase errata: il terzo robot dovrebbe essere dunque sincero. E così via, in sequenza:
$$S\ B\ S\ B\ ...$$
Il robot n. 2016 dovrebbe essere dunque un bugiardo e il n.2017 uno che dice la verità. Ma quello che precede è un bugiardo: questa è una contraddizione, pertanto l'ipotesi da cui siamo partiti è errata. Supponiamo allora che il primo robot della fila sia un bugiardo, dunque che menta. Allora il robot alle sue spalle, il secondo della fila, è un sincero e il terzo un bugiardo e così via:
$$B\ S\ B\ S\ ...$$
Il robot n.2016 dovrebbe dunque essere un sincero e il n.2017, di conseguenza, un bugiardo. Ciò funziona senza contraddizioni (infatti il bugiardo ultimo della fila afferma di essere come il robot che ha davanti, ossia di essere un sincero. Ma questa è una menzogna: egli è infatti un bugiardo! *Nota:* un bugiardo non potrà mai dire: io sono un bugiardo!). Significa dunque che i robot sinceri sono pari alla metà di 2016, mentre i bugiardi sono i restanti, ossia la metà di 2016 più uno, ossia 1009.

18) **PAPPAGALLI.** Siccome il testo parla di 2017 pappagalli, anche l'ultimo animale in fila è un pappagallo e dunque, evidentemente, il 2016-esimo della fila mente ed è un pappagallo verde. Al contempo l'ultimo della fila sta dicendo il vero, dunque non è verde.

Analizziamo ora cosa succede tra i pappagalli precedenti: in questo problema non c'è bisogno di fare alcuna supposizione, ma si ha subito chiara la soluzione: il pappagallo in posizione n. 2015 sta dicendo il vero (dietro di lui, il 2016, è verde!) e, di conseguenza, quello che lo precede, il n.2014, sta mentendo e quindi è verde. E così via. Ogni pappagallo in posizione pari mente ed è verde; ogni pappagallo in posizione dispari dice il vero e non è verde. Pertanto, i pappagalli verdi sono in tutto 1008 e quelli non verdi sono 1009. La soluzione da dare è 1008.

19) **VICINI DI TAVOLO.** Supponiamo di prendere una persona a caso e di ammettere che sia un veritiero. Allora significa che da un lato ha un bugiardo e dall'altra il veritiero. Il veritiero, dicendo la verità, dovrebbe avere, ancora dopo di lui, un bugiardo. I bugiardi, siccome mentono, possono in realtà avere a loro fianco o due veritieri, o due bugiardi. Siccome hanno già un veritiero a loro fianco, si conclude che anche l'altra persona che siede al loro fianco deve essere un veritiero. Si delinea dunque, sotto questa ipotesi, questo schema:

$$B\,V\,V\,B\,V\,V\,B\ldots$$

Ogni tre persone sedute al tavolo una dovrebbe essere un bugiardo. Tuttavia le persone sedute al tavolo sono 100, numero che non è divisibile per tre! Ciò significa che, facendo il giro completo, si trova una contraddizione perché qualcuno dovrebbe risultare contemporaneamente veritiero e bugiardo. Pertanto l'ipotesi di partenza è errata.

Supponiamo allora di prendere una persona a caso e di ammettere che sia un bugiardo. La sua affermazione, come si diceva prima, può essere negata in due differenti maniere. Scartiamo l'ipotesi che abbia due cavalieri a suo fianco in quanto, si è visto, porta a contraddizione. Supponiamo allora che abbia a suo fianco due bugiardi. I quali, a loro volta, mentendo, devono avere a loro fianco o due cavalieri (impossibile in quanto almeno uno sappiamo già essere un bugiardo) o due bugiardi (unica deduzione possibile). La conclusione è che al tavolo sono sedute 100 persone tutte bugiarde: ciò non porta a contraddizione ed è consistente.

La soluzione da dare è pertanto 100.

20) **IL SACCHETTO VUOTO.** Ci sono quattro possibilità, avendo abbreviato con C e P i nomi di Charlie e Percy e con I e II le frasi che essi pronunciano:
   A) IC: Vera; IIC: Falsa; IP: Vera; IIP: Falsa;
   B) IC: Vera; IIC: Falsa; IP: Falsa; IIP: Vera;
   C) IC: Falsa; IIC: Vera; IP: Vera; IIP: Falsa;
   D) IC: Falsa; IIC: Vera; IP: Falsa; IIP: Vera.

Ci aspettiamo che una sola di queste quattro possibilità sia corretta e che non porti a contraddizione. Analizziamole, chiamando x le caramelle di Charlie e y quelle di Percy:

A) IC: Vera → x < 7 (e dunque y ≥ 3);
    IIC: Falsa → x < 4 (e dunque y ≥ 6);
    IP: Vera → y < 7;
    IIP: Falsa → y > x.

Questa ipotesi porta a concludere che y = 6 e di conseguenza x = 4 e non porta a contraddizioni.

B) IC: Vera → x < 7 (e dunque y ≥ 3);
    IIC: Falsa → x < 4 (e dunque y ≥ 6);
    IP: Falsa → y > 7;
    IIP: Vera → y < x.

Questa ipotesi porta ad una contraddizione, in quanto dalle prime tre supposizioni si arriva a concludere che sicuramente y è maggiore di 7 (potrebbe valere 8, 9 o anche 10) ma poi y dovrebbe essere minore di x, cosa impossibile perché x varrebbe al massimo 2! → L'ipotesi B è errata.

C) IC: Falsa → x > 7 (e dunque y ≤ 3);
    IIC: Vera → x > 4;
    IP: Vera → y < 7;
    IIP: Falsa → y > x.

La prima e la quarta conclusione sono in evidente contraddizione → L'ipotesi C è errata.

D) IC: Falsa → x > 7 (e dunque y ≤ 3);
    IIC: Vera → x > 4;
    IP: Falsa → y > 7;
    IIP: Vera → y < x.

La prima e la terza conclusione sono in evidente contraddizione → L'ipotesi D è errata.

L'unica ipotesi che non porta a contraddizioni è la A e pertanto la risposta da dare (il numero delle caramelle di Percy, da noi chiamato y) è 6.

INDICE

PREFAZIONE.. 7
TESTI DEI PRIMI 50 PROBLEMI.. 9
TESTI DEI NUOVI 20 PROBLEMI.. 27
SOLUZIONI SOLO NUMERICHE 36
    PRIMI 50.. 36
    NUOVI 20... 37
SOLUZIONI PIU' DETTAGLIATE.. 38
    PRIMI 50.. 38
    NUOVI 20... 58
VOLUMI DELLA COLLANA "MATEMATICA A SQUADRE"...................... 70
CALCOLI, APPUNTI E NOTE PERSONALI.. 72

VOLUMI DELLA COLLANA "MATEMATICA A SQUADRE"

Volumi Disponibili

- ✓ *MATEMATICA A SQUADRE: 366 e più problemi delle gare di matematica a squadre per le scuole medie e il primo biennio [Zenith Books, 2017 pp. 350]*

- ✓ *MATEMATICA A SQUADRE: SPECIALE LOGICA [Zenith Books, 2018]*

- ✓ *MATEMATICA A SQUADRE: SPECIALE FISICA & ALGEBRA [Zenith Books, 2018]*

- ✓ *MATEMATICA A SQUADRE: SPECIALE ARITMETICA [Zenith Books, 2018]*

Di Prossima Pubblicazione:

- ✓ MATEMATICA A SQUADRE: SPECIALE GEOMETRIA

- ✓ MATEMATICA A SQUADRE: SPECIALE CONTEGGIO, PROBABILITA', & STATISTICA

- ✓ MATEMATICA A SQUADRE: I 10 PIU' BEI QUESITI DELLE GARE A SQUADRE & GARE A TEMA

«Non è molto difficile costruire una lista di deduzioni,
in cui ognuna viene da quella che la precede,
e dove tutte sono però di un estrema semplicità.

Quel che un uomo è capace di inventare,
un altro sarà capace di scoprire!»

Sir Arthur Conan Doyle
Da: "L'avventura degli uomini danzanti"

CALCOLI, APPUNTI E NOTE PERSONALI

www.ingramcontent.com/pod-product-compliance
Lightning Source LLC
Chambersburg PA
CBHW062227220526
45471CB00009B/3374